蜜蜂

人类健康的卫士

Bees-Guardians of Human Health

李海燕　吴宏安　吴方禹　主编

中国轻工业出版社

图书在版编目（CIP）数据

蜜蜂：人类健康的卫士 / 李海燕，吴宏安，吴方禹主编. --北京：中国轻工业出版社，2024. 10. -- ISBN 978-7-5184-5055-8

Ⅰ. S896

中国国家版本馆CIP数据核字第2024SA4470号

责任编辑：刘逸飞　　责任终审：高惠京　　设计制作：锋尚设计

策划编辑：张　靓　　责任校对：朱燕春　　责任监印：张　可

出版发行：中国轻工业出版社（北京鲁谷东街5号，邮编：100040）

印　　刷：鸿博昊天科技有限公司

经　　销：各地新华书店

版　　次：2024年10月第1版第1次印刷

开　　本：720×1000　1/16　印张：7.75

字　　数：146 千字

书　　号：ISBN 978-7-5184-5055-8　定价：48.00元

邮购电话：010-85119873

发行电话：010-85119832　010-85119912

网　　址：http://www.chlip.com.cn

Email：club@chlip.com.cn

231759K1X101ZBW

前言

与自然和谐共生是人类赖以生存发展的基本条件。在这广袤的地球上，有一类小小的生物，它们辛勤工作、无私奉献，不仅为自然界的生态平衡做出了巨大贡献，更为人类的健康带来了无尽的福祉。它们，就是读者所熟知的蜜蜂。本书分为三大章节，旨在向读者揭示蜜蜂的生命价值、与人类健康之间的紧密联系以及它们成为人类健康卫士的奥秘。

第一章是“蜜蜂的神奇世界”。这一章带领读者走进蜜蜂的“王国”，探索它们独特的社会结构、精密的分工合作以及令人惊叹的生存智慧。读者将了解到，这些小小的生物是如何以惊人的效率和组织能力，维持着生态系统的平衡和稳定。第二章是“蜜蜂助您远离亚健康”，详细介绍蜜蜂产品，包括蜂蜜、蜂王浆、蜂花粉、蜂胶、蜂蜡和蜂毒等。这些产品都是大自然的产物，具有较高的营养和药用价值，长期以来已被人类开发为传统的天然保健食品和医疗药品，在食疗和医疗中发挥着重要作用。第三章是“蜂疗就在您身边”，重点介绍广义蜂疗、蜂蜡疗法和蜂毒疗法等自然疗法及其临床应用。这些古老而神奇的方法，不仅能够有效缓解各种疼痛、促进伤口愈合，还能够改善患者的心理状态和生活质量。本书通过丰富的案例和深入的解析，让读者了解到这些自然疗法的独特优势及其在现代医学中的应用前景。

本书不仅是一本介绍蜜蜂和蜂产品的书籍，更是一本传递健康理念、倡导自然疗法的科普读物。编者希望通过此书，让更多的人了解到蜜蜂的神奇之处，以及它们对人类健康的巨大贡献，能够激发读者对蜜蜂和蜂产品的兴趣，让读者更加关注自然疗法和保健知识。同时，编者也希望通过此书唤起大家对蜜蜂和生态环境的保护意识，共同守护这些珍贵的自然资源。让我们一起走进蜜蜂的神奇世界，感受蜜蜂为我们用心守护的健康和幸福吧！

编者

目录

Chapter 1

蜜蜂的神奇世界

1 蜜蜂是“变态”

蜜蜂属膜翅目、蜜蜂科，是一种群居昆虫，采食花粉和花蜜并酿造蜂蜜，被称为资源昆虫。蜜蜂体长8～20毫米，黄褐色或黑褐色，生有密毛；头与胸几乎同样宽；腰部较胸部、腹部纤细；触角膝状，复眼椭圆形，口器嚼吸式，后足为携粉足；两对膜质翅，前翅大，后翅小，前后翅以翅钩列连锁；腹部近椭圆形，体毛较胸部少，腹末有螯针。蜜蜂是完全变态昆虫*，一生要经过卵、幼虫、蛹和成虫4个虫态。

卵

香蕉形，乳白色，卵膜略透明，稍细的一端是腹末，稍粗的一端是头。蜂王产下的卵，稍细的一端是巢房底部，稍粗的一端朝向巢房口。卵内的胚胎经过3天发育孵化幼虫。

幼虫

白色蠕虫状。起初呈C字形，随着虫体的长大，虫体伸直，头朝向巢房。蜜蜂在幼虫期由工蜂饲喂。受精卵孵化成雌性幼虫，当幼虫越来越大时，食物里逐渐加入蜂蜜和花粉，它们就发育成工蜂。同样的雌性幼虫，如果在幼虫期始终食用蜂王浆，就将发育成蜂王。

工蜂幼虫成长到最后阶段时，由工蜂将其巢房口封上蜡盖。封盖巢房内的幼虫吐丝作茧，然后化蛹。封盖的幼虫和蛹统称为封盖子，大部分封盖子的巢脾叫作封盖子脾（蛹脾）。工蜂蛹的封盖略有突出，整个封盖子脾看起来比较平整。雄蜂蛹的封盖凸起，而且巢房较大，两者容易区别。

蛹

蛹期主要是把内部器官加以改造和分化，形成成虫的各种器官，逐渐呈现出头、胸、腹3部分，附肢也显露出来，颜色由乳白色逐步变深。发育成熟的蛹，蜕下蛹壳，咬破巢房封盖，羽化为成蜂。

---

* 完全变态发育是昆虫变态的两种类型之一。昆虫在个体发育中，经过卵、幼虫、蛹和成虫4个时期的称完全变态；只经过卵、若虫和成虫3个时期的，称不完全变态。

成虫 刚出房的蜜蜂外骨骼较软，体表的绒毛十分柔嫩，体色较浅。不久骨骼即硬化，四翅伸直，体内各种器官逐渐发育成熟。

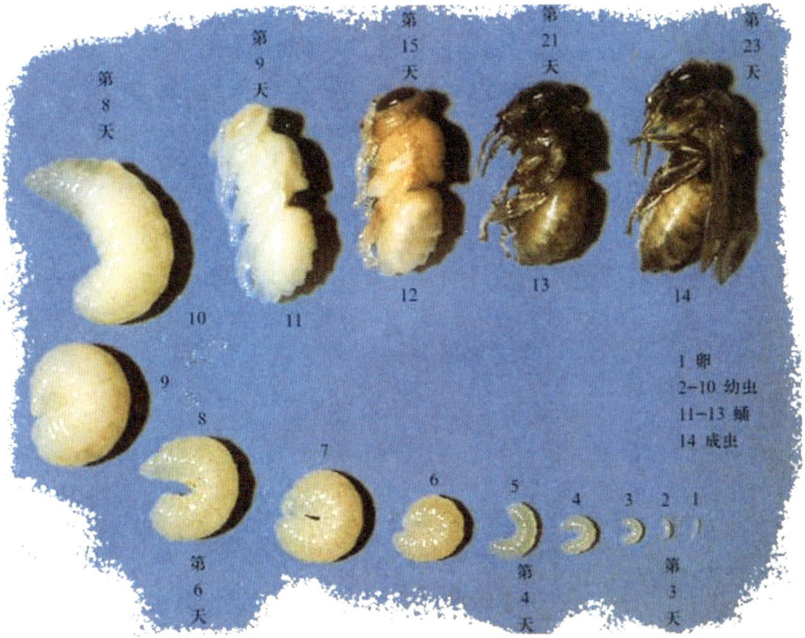

蜜蜂变态发育的步骤

2 蜜蜂王国复杂的社会关系

蜜蜂是一种群体生活的昆虫，一群蜜蜂由成千上万只蜜蜂组成，就像一个王国。在这个王国里，“公民们”既有分工又有合作，和睦相处，工作和生活井然有序。

一群正常生存的蜜蜂，通常由一只或多只蜂王、几万只工蜂和只在繁殖季节出现的几十只到几百只雄蜂组成。由于占蜂群个体数量99%以上的工蜂和蜂王，都是雌性蜜蜂，因此，蜜蜂王国可以说是个名副其实的“女儿国”。

三型蜜蜂对比图

2.1 蜜蜂王国慈爱的母亲——蜂王

蜂王也叫“蜂后”，由受精卵发育而成，通常每个蜂群只有1只蜂王。蜂王体长较工蜂长1/3，腹部较长，末端有螫针，腹下无蜡腺，翅仅覆盖腹部的一半足不如工蜂粗壮，后足无花粉筐。蜂王在不同的生理状态释放的蜂王信息、成分及含量明显不同。蜂王寿命5～7年，由于生殖能力逐渐下降，在生产中逐渐被人工淘汰。

蜂王产下的受精卵，在前三日吃蜂王浆然后改吃蜂粮*的受精卵发育不完全，就发育成工蜂；而一直食用蜂王浆的受精卵生殖器官发育完全，将成为新的蜂王；未受精的卵将变态发育成雄蜂。工蜂和雄蜂分别是蜂王的“女儿”和“儿子”。

蜂王是蜜蜂中唯一生殖器官发育完全的雌蜂，它不是蜂群的统治者和管理者，但却是核心，它依靠自身分泌特殊气味的激素控制蜂群，如果一群蜂中无蜂王，蜂群就会大乱。如果有两只蜂王，虽是同胞姐妹，但也要展开一场“你死我活”的决斗，胜者为王，败者死或者另成新“家”，以保“国无二主”，双王群要通过隔板隔离两只王。

蜂群一旦失去了蜂王，蜜蜂王国会陷入混乱，此时聪明的老工蜂便采取“救国救民”的措施——立即找到3天内的幼虫并持续喂食蜂王浆以培育新的蜂王来“继位”；如果巢内没有可以培育的幼虫，“狡猾”的老工蜂就在自己的圈里选一个或几个喂食蜂王浆冒充蜂王产卵，以此来维持稳定的局面。但产出来的其实都是未受精的卵，孵化出来的都是弱小的雄蜂。

蜂王发育成为成熟处女蜂王出台后，处女蜂王第一次出巢试飞，为“婚飞”做准

* 蜂蜜、花粉等混合物。

备。几天后，选一个风和日丽的日子，出巢“婚飞”，此次飞得又高又快又远，同时散发出气味，引诱大批雄蜂追赶。身体素质好、飞行快的雄蜂，在空中与蜂王交尾，交尾后，蜂王飞回蜂巢，由工蜂检查确定“婚飞”是否成功。

处女蜂王身材细长而稳重，经过“婚飞”交尾后，从此居于蜂巢中，终生产卵，生儿育女。蜂王每昼夜可以产2000～2500粒卵，总重量超过自身体重，呈现这一特征的关键是它终生食用蜂王浆。

蜂王的“婚飞”

2.2 辛勤的劳动者——工蜂

工蜂是由工蜂房里的受精卵发育而成的雌性个体，但其生殖器官发育不完全。工蜂的身体比蜂王和雄蜂小，在蜂群中数量极为庞大，通常多达几万只，有时可达10万只或者更多。工蜂的寿命虽然比雄蜂长，但是一般也仅为几个月，很少能够熬过一年，其寿命的长短与工作强度、蜂群群势有很大的关系。

工蜂短促的一生中，似乎没有从工作中停歇下来过。可以说，它们每天除了吃饭、睡觉就是干活，不辞辛苦，任劳任怨，无愧于“劳模”这一称号。

蜂群中工蜂占了大多数，蜂群中的大部分工作也由工蜂承担。工蜂按其生长发育阶段不同可以分为幼年蜂、青年蜂、壮年蜂和老年蜂，不同日龄分工也不同。幼年蜂主要是指羽化后1～8日龄的工蜂，主要进行巢内工作，包括保温、扇风、清理巢房、调制蜜粉、饲喂幼虫并进行认巢飞翔；青年蜂是指8～20日龄的工蜂，主要担任饲喂幼虫和蜂王、清理蜂巢、拖弃死蜂或残屑、夯实花粉、酿蜜、筑造巢脾、用蜂胶填补孔隙、守卫蜂巢等工作；壮年蜂指从事采集的主力工蜂，主要采集花蜜、花粉、树胶、水等；而越冬后的老年蜂多从事搜寻蜜源、采水等工作。

小小的工蜂也会“谋朝篡位”：有研究人员发现，蜂王的权力也可能会失控，一些工蜂通过繁殖来延长自己的生命“欺骗”蜂王。一项发表在*Molecular Ecology**杂志上的研究，调查了巴西45个蜂群的近600只雄蜂，测定它们的基因以查明它们的身世。结果显示，23%的雄蜂不是蜂王的后代，而是工蜂的后代。工蜂通常不能交配，但能产下非受精卵，这些卵子可以发育成雄蜂。

采水蜂为养育幼虫不惜牺牲生命

2.3 悲壮一生的雄蜂

雄蜂由非受精卵发育而成，体型粗壮，比工蜂大，体色较工蜂深，头近圆形，复眼比工蜂和蜂王大，翅宽大，腿粗短，没有劳动的本领，无螫针、蜡腺和臭腺，没有自我保护能力，只会与蜂王交尾，繁殖后代。交尾后雄蜂的生殖器官被处女蜂王折断强制带走，而后受痛死在荒郊野外。

---

* *Molecular Ecology*（《分子生态学》）是一本由WILEY出版的生物–进化生物学学术刊物，该刊是国际一流期刊，主要刊载生物–进化生物学相关领域研究成果与实践，旨在打造一种学术水平高、可读性强、具有全球影响力的学术期刊。该刊已入选SCI、SCIE来源期刊。

雄蜂身大体壮，非常能吃。工蜂在容易采蜜的季节，并不吝惜雄蜂的“大吃大喝”。但到了不再培育新王和扩大繁殖蜂群的时候，雄蜂的境遇就悲惨了。秋风瑟瑟，万物凋零的时节，无处寻蜜的工蜂变得非常吝啬，极为珍惜自己的劳动成果，也不再养活吃闲饭的“懒汉”。工蜂开始对雄蜂实行“不劳动者不得食”的极端制裁，先是限制其活动范围，进而将雄蜂步步逼至死角，断其食物，损其体力。这个时候的雄蜂毫无还手之力，逐渐被工蜂赶出巢外，饿死、冻死，甚至弃尸荒野。越冬之前，雄蜂将全部死去。

雄蜂在勤劳的蜂群中虽然被视为“异类”，但是他们却是非常重要的一个群体，蜂王的质量在很大程度上取决于与其交配的雄蜂的数量和质量。蜂王在短时间婚飞交尾后，其受精囊必须装入500万～700万粒精子，才能保证蜂王一生产受精卵的需要。蜂王在一次婚飞中，如果受精不足，就要进行第二次、第三次甚至第四次婚飞，这就会增加蜂王伤亡的危险，如果由于雄蜂少，蜂王达不到充分受精时，工蜂往往较早地更替已经产卵但受精不足的蜂王。

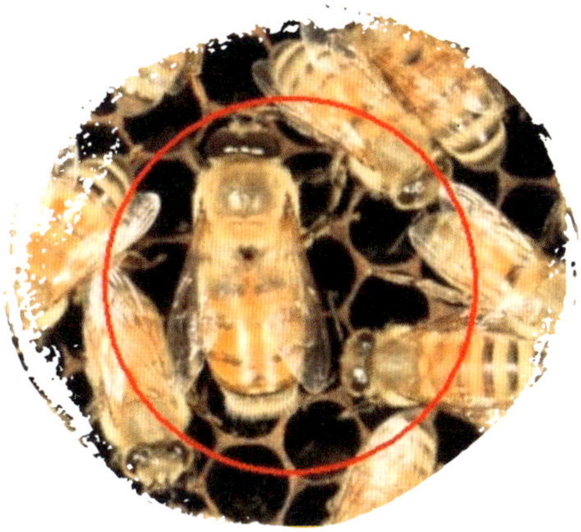

悲壮一生的雄蜂

3　蜜蜂王国的趣事

3.1　蜜蜂分“家”，老王让巢

由于蜂王产卵高峰期过后，封盖子多，不久蜂群内出现了大量的哺育蜂，哺育蜂的哺育能力远大于幼虫和蜂王需要，这时有些哺育蜂不但消耗自己分泌的蜂王浆，而且接受并取食其他哺育蜂分泌的蜂王浆，因而它们的卵巢得到发育，这样就会形成许多假饲喂圈和怠工的现象，从而促使自然分蜂的形成。对于分蜂，通常有两种解释：蜂蜜生产不足，有更多的蜂房用作子脾，这时蜂王产卵增加，必须通过分蜂解决；或者由于激素的原因促使新蜂王诞生，迫使老蜂王离巢而去。分蜂时，老蜂王只带走少数工蜂，留多点工蜂给新蜂王。分群的过程是这样的：由工蜂制造特殊的蜂房——王台，蜂王在王台内产下受精卵；小幼虫孵出后，工蜂给予特殊待遇，用它们分泌的高营养的蜂王浆饲喂，16天后这些小幼虫发育为成虫时，就成了具有生殖能力的新蜂王，然后老蜂王和一群工蜂离开蜂房到别的地方重建一个“家”。

蜂巢内部

3.2 “舞蹈” 传 “信”

工蜂在大批出巢采蜜前，会先派出一些“侦察兵”寻找蜜源。侦察蜂找到距蜂箱100米以内的蜜源时会留下追踪信息随即在蜂巢上交替性地向左或向右转着小圆圈，以“圆舞”的方式向蜂巢传递信息。当蜜源在距蜂箱百米以外时，侦察蜂便将舞姿改为“∞”型，即“8字舞”或“摆尾舞”。如果将全部爬行路线相连，直线爬行的时间越长，表示距离蜜源越远。直线爬行持续1秒钟，表示距离蜜源约500米；持续2秒，则约1000米。蜜源的方向是靠“跳舞”时的中轴线在蜂巢中形成的角度来表示的。如遇阴雨天，利用舞蹈定位的方法就有点失灵。此时，蜜蜂会及时依靠天空反射的偏振光束来确定方位，及时回巢。那么，工蜂是如何感知到同伴舞蹈姿态的呢？原来它们是利用头上颤抖的触角相互抚摸身体，将“舞蹈信号”转换成“接触信号”而获得信息的。然而，这种传递方法有时也会失灵。为此它们还要利用翅的不断振动自发出不同频率的“嗡嗡”声，来补充“舞蹈信号”的不足和加强语气的表达能力。

1973年，诺贝尔奖获得者卡尔·冯·弗里希描述了蜜蜂的圆舞和摆尾舞。他发现圆舞表示食物就在附近，而摆尾舞表示食物离得比较远；摆尾舞既可以表示出食物的方向也可以告诉同类食物离巢的距离。他还详细描述了蜜蜂的舞蹈，并且指出这些行为是由遗传所决定的而不是习得的。他对动物通讯的研究为动物行为学这门学科的创立做出了巨大的贡献。

3.3 蜜蜂世界的趣味数字

一只蜜蜂酿吐一公斤的蜜，要用大约33333个工作小时，吮吸近3333朵花蕊。

要酿出500克蜂蜜，工蜂需要来回飞行约37000次去发现并采集花蜜，带回蜂房。

蜜蜂的翅膀每秒可扇动200～400次。

蜜蜂飞行的最高时速是40公里。当它满载而归时，飞行时速为20～24公里。

一个蜂巢平均有5万个蜂房，居住着35000只忙碌的蜜蜂。

一只蜜蜂毛茸茸的身体上能粘住5万～75万粒花粉。

一汤匙蜂蜜可以为蜜蜂环绕地球飞行一圈提供足够的能量。

蜂王的寿命一般是5～7年。

借助2只复眼和3只单眼，蜜蜂的视角几乎可以达到360°。

蜜蜂蜇人

一般情况下，蜜蜂不到万不得已时是不会蜇人的，因为蜜蜂蜇人以后，自己也要死去。

蜜蜂不喜欢黑色的东西和酒、葱、蒜等特殊气味，所以当养蜂人穿着黑色衣服，身上带有酒、葱、蒜等特殊气味接近蜂群时，就有挨蜇的危险。

如果一不小心被蜜蜂蜇了我们应该怎么处理？

如果仅仅是被家养的小蜜蜂蜇了，首先要用镊子、指甲剪轻压毒刺周围的皮肤，小心夹出毒刺，用指甲盖刮出毒液，让毒液尽量排出体外。蜜蜂毒液呈酸性，可以用马铃薯片贴敷治蜜蜂蜇伤，或者涂点碱性的肥皂水。但是如果出现头疼、头昏、恶心、呕吐、烦躁、发烧等症状时，应立即就近医院治疗，避免出现急性过敏的现象。

Chapter 2

蜜蜂

助您远离亚健康

我国的医学和保健专家对长寿职业进行调查的结果显示：在10种长寿职业中，养蜂人排在第一位[1]。

众多的科学家，在不同的地方、用不同的方法，经过多年的研究，终于探明养蜂人不易患上癌症和长寿的奥秘，这是因为养蜂人经常食用营养极为丰富的蜂蜜、蜂王浆、蜂花粉、蜂胶等蜂产品。《本草纲目》[2]中记载：蜂蜜，气味甘，平，无毒。主心腹邪气，益气补中，久服，强志轻身，不饥不老。

蜜蜂产品简称蜂产品，按其来源和形成的不同，可分为以下三大类。

（1）由蜜蜂在外界采集的、经蜜蜂加工而成的物质，如蜂蜜、蜂花粉、蜂胶。

（2）由蜜蜂本身分泌出来的物质，如蜂王浆、蜂毒、蜂蜡。

（3）蜜蜂本身的躯体，如蜂王幼虫、雄蜂蛹等。

延缓衰老、减少疾病，蜂产品给人类带来了福音。蜂产品，是人类不可多得的长寿因子，是大自然对人类健康的馈赠。

1 蜂蜜

1.1 蜂蜜的来源

有花才有蜜，所以养蜂人常说“追花逐蜜”。在自然界中，虫媒授粉的植物约有85%，蜜蜂是最佳的授粉能手。植物为了吸引昆虫前来为其授粉，通过蜜腺分泌透明香甜的小水滴，这就是花蜜。蜜蜂在采集花蜜的同时，也给植物授了粉。蜜蜂凭着像抽水机样的口器把花蜜吸入体内的蜜囊中，蜜囊像一个装东西的袋子，蜜蜂采满袋子后，飞回蜂箱，将蜜囊中的花蜜吐在巢房中，一部分内勤蜂将自己的口器和蜜囊变成了一个个“小加工间”，不停地将花蜜吸进又吐出，从一个蜂房倒入另一个蜂房，利用自己的唾液酶将未成熟蜂蜜中的蔗糖分解转化成葡萄糖和果糖；另一部分内勤蜂不断地振动翅膀，加速蜂巢内的空气流动，促进花蜜中的水分蒸发。当花蜜中的双糖基本上都转化成单糖时，蜂蜜就酿好了。实际上，不同地理环境、不同植物封盖时蜂蜜含水量不同。

1.2 蜂蜜的定义

GB 14963—2011《食品安全国家标准 蜂蜜》中给出定义：蜂蜜是蜜蜂采集植物的花蜜、分泌物或蜜露，与自身分泌物混合后，经充分酿造而成的天然甜物质。蜂蜜被誉为大自然馈赠的营养食品，古希腊人把蜂蜜看作天赐的礼物。我国从古代就开始人工养蜂采蜜，蜂蜜既是良药，又是优质饮料，有益于延年益寿，还可用于美容。

1.3 蜂蜜的主要成分

不同品种的蜂蜜在成分上不尽相同，即使同种蜂蜜，由于气候、产地、土壤等因素的影响，其成分和含量也存在差异。通常，蜂蜜的主要成分是葡萄糖和果糖，占蜂蜜总量的60%～80%；其次是水分，成熟蜂蜜的含水量为10%～20%；蔗糖（天然花蜜中所含有的未转化的部分，非人工加入）的含量一般不超过5%；此外蜂蜜中还含有多种氨基酸、蛋白质、维生素、有机酸、酶类、芳香物质、矿物质等成分，迄今为止已经鉴定出蜂蜜中含有180多种物质。

1.4 蜂蜜的理化性质

❶ 外观

在常温下，蜂蜜是透明或半透明的黏稠状液体，可能出现部分或全部结晶。

❷ 色泽

不同品种的蜂蜜颜色不同，从水白色到深琥珀色都有。同一品种的蜂蜜，在开花初期和开花末期蜜的颜色也可能有所不同。

❸ 性质

高密度、高黏稠度，具有吸湿性、结晶性、发酵性、抗菌性等。

1.5 蜂蜜的结晶特性

❶ 蜂蜜的结晶现象

蜂蜜结晶是在蜂蜜储存过程中经常遇到的情况。随着储存时间的延长及气温的变化，特别是在冬季，蜂蜜往往会从液态变为结晶状态，颜色由深变浅，大多蜜种结晶后呈乳白色或白色、细腻或粗糙的半透明晶体。

蜂蜜的这种变化常常引起一些人的误解，认为这是在蜂蜜中掺入白糖而造成的。其实蜂蜜结晶是一种物理变化过程，和水结冰的原理一样，其化学成分、营养价值都未发生改变，不会影响蜂蜜的质量，也不影响其食用。GB 14963—2011规定蜂蜜的正常状态为常温下呈黏稠流体状，或部分及全部结晶。

❷ 结晶原因

蜂蜜为什么会结晶？

蜂蜜的主要成分中包含葡萄糖和果糖。由于葡萄糖具有容易结晶的特性，因此分离出来的蜂蜜，在较低的温度下（0～14℃）放置一段时间，葡萄糖就会逐渐析出，所以蜂蜜结晶实际上是蜂蜜中葡萄糖引起的。葡萄糖溶液的过饱和析出使整个容器的蜂蜜部分或全部呈现松散的固态。

是否容易结晶主要取决于蜂蜜中葡萄糖和果糖（不易结晶）之间的比例，即葡萄糖占还原糖的百分比。

一般来说，当葡萄糖与果糖含量相等即1∶1时，结晶缓慢；当比例为1∶2时，一般不出现结晶；当比例为1∶0.9时，即葡萄糖含量高于果糖含量时，温度适宜时结晶很快出现。

如槐花蜜葡萄糖与果糖的比例约为 2∶3 就不容易结晶；油菜蜜约为18∶17，结晶的速度很快。

❸ 结晶特点

蜂蜜刚从蜂巢中取出的时候一般呈黏稠的液态。但随着时间的推移，少则几天，多则一两个月，这些蜂蜜即会逐渐浑浊、凝固或板结，由液态到半流体直至变为固态，颜色也相应地由深变浅，结晶蜂蜜具有如下规律和特点。

①全面性。所有的蜂蜜都会结晶。GH/T 18796—2012《蜂蜜》把蜂蜜的结晶状态分别描述为结晶、易结晶、极易结晶和不易结晶四种，比较客观地反映了蜂蜜全面结晶的事实。不易结晶是指蜂蜜结晶的速度慢和程度低，并非不结晶。到目前为

止，尚未发现完全不结晶的蜂蜜。

蜂蜜结晶的全面性还表现在不管是哪种蜂蜜，其结晶都是全面的，相对均匀的。局部结晶只存在于未成熟蜜、人工浓缩蜜和正在结晶或融化过程中的蜂蜜。

②晶体性。蜂蜜的结晶就是蜂蜜中各种糖和非糖分子围绕结晶核按照一定规律而形成的晶体。再细腻的结晶蜜也都是肉眼可见的晶体组合体，尽管蜂蜜晶体因其自身的绵软性难见棱角，但结晶蜜自然断面的颗粒密布却是一目了然。那些毫无颗粒的细腻蜂蜜，值得怀疑；那些粗硬团聚且相间有液态的结晶，实属异常；均匀绵密的颗粒汇聚才是典型的结晶状态。

③多样性。蜂蜜结晶的多样性是指蜂蜜的结晶颗粒有粗细不同和软硬之分。

GH/T 18796—2012即有粒粗、粒略粗、粒细和细腻等不同分类。我们在生产实践中观察到的蜂蜜更是多种多样，有粒粗如沙，有细腻似脂。而同样的粒粗，乌桕、枇杷的蜜紧密，荞麦、地椒的蜜松散；同样的蜜细腻，洋槐、野桂花的蜜薄软，油菜、苕子的蜜黏腻。

蜂蜜结晶粒的软硬也有很大差别。用手捻，有的细软无渣易化，有的粗硬有沙感难化。若用口尝，有的绵密细糯，有的粗硬糙口。但总的来说，蜂蜜的结晶粒绵软的较多，沙大粗硬的仅是个别现象。

④温限性。蜂蜜的结晶一般是在常温条件下自然形成的。秋、冬、春三个季节气温较低，所有的蜂蜜都比较容易结晶；夏季气温高，新生产的蜂蜜一般不容易结晶，或结晶很浅。蜂蜜结晶的温度范围是0～40℃，一般认为13～14℃是最适温度，但不同品种蜂蜜的结晶对温度的要求却有较大的差异。枣花、洋槐等不易结晶的蜂蜜需经深冬的持续低温才会慢慢地结晶，而油菜、野坝子等极易结晶的蜂蜜则在从蜂巢取出后的几天内迅速结晶。在蜂蜜的结晶温度范围内，蜜温高于或低于最适温度，结晶速度都将相应放慢，超出范围则不能结晶。若蜂蜜一旦结晶，自然熔化过程就会更加漫长，一般不能完全熔化；特别是油菜等极易结晶的蜜种，会常年保持结晶状态，仅在夏季变得稀软一些，表层可能出现一些熔化的液态蜜。结晶蜜的完全熔化，只有在持续40℃以上的温度条件下才能实现。结晶蜜在经过夏季高温后的自然熔化部分，一般不会再度结晶，这是因为熔化部分并不是整体结晶颗粒的解散，而是因结晶核外围糖分子和水分子的游离，没有了结晶必需的结晶核。

⑤物理性。蜂蜜的结晶是蜂蜜在较低的温度条件下其组成分子有规律运动的一种形式，仅在外部形态上有所变化。除了温度，影响蜂蜜结晶的物理因素还有果糖和葡萄糖比例及水分，果糖和葡萄糖的比例越小，水分越少越容易结晶。

结晶蜜没有任何内在品质上的改变，食用也没多少不便处，只有个别品种在直接食用时有糙口感。我们应当尊重自然，追求原生态，那种以破坏蜂蜜成分和原有结构（甚至掺假）为代价来实现蜂蜜不结晶的做法是不可取的。GH/T 18796—2012明确规定：不应使用化学或生化处理方法改变蜂蜜的结晶变化。看来，使用加热的物理方法是被允许的。但是，结晶蜜经过加热熔化后还会重新结晶，且结晶的形态和口味会有所改变；尤其是加热的过程会不可避免地破坏一些蜂蜜中的活性成分，如维生素C、类唾液腺激素和酶类物质等。

❹ 结晶处理方法

①把结晶蜜连同瓶子一起放在热水中浸泡，但要注意热水温度必须低于50℃，因为温度过高会使蜂蜜中的酶失活，维生素损失。

②把结晶蜜连同瓶子放入冷水锅内慢慢加热，当水温达到50～60℃时，结晶物就会自然熔化，而且不会再结晶。

③将结晶蜜放置到夏天自然化开。蜂蜜结晶是一种很自然的现象，不是因为蜂蜜过期或者长霉，只要经过处理就可以放心食用。

1.6 蜂蜜的保健作用

（1）润肠通便：蜂蜜有很好的润肠作用，可促进胃肠蠕动，是预防和辅助治疗便秘的佳品。

（2）促进儿童生长发育：儿童常食蜂蜜，有利于生长发育，牙齿及骨骼会长得快而坚实，可以增强对疾病的抵抗力。

（3）促进组织再生，加速伤口愈合：蜂蜜含有丰富的营养物质，尤其是含有一定量的生物素，能有效促进组织再生，加速伤口愈合并使肉芽组织健康生长。

（4）抗疲劳、抗衰老、美容作用：蜂蜜产生的能量能够在很短时间内补充给人体，消除人体疲劳和饥饿。蜂蜜是一种纯天然的营养食品和天然美容剂（含有维生素、微量元素等），有健身强体、延缓衰老、护肤美容的作用。

（5）改善睡眠：蜂蜜中的葡萄糖、维生素以及镁、钙、磷等物质能够调节神经系统，起到促进睡眠的作用。

1.7 蜂蜜的应用历史

蜂蜜，作为一种天然存在的高能量食品，一直伴随着人类文明的进程。几乎在所有可以找到的古文明的记录中都可以找到蜂蜜的存在。古希腊神话中，阿里斯泰俄斯（Aristaeus）教会人类驯化蜜蜂。西班牙发现距今约1万年前的壁画上就有描绘着女性从蜂巢中采集蜂蜜的场景。美索不达米亚文明和埃及壁画都表明人类对蜂蜜和养殖蜜蜂已经有一定的了解。而在《圣经》中，蜂蜜更是成为富足生活的标志。

古埃及的蜂蜜与养蜂人

在东方，人们也享受着蜂蜜的甘甜。相传中国是最早制作蜂蜜酒的地区之一，公元前780年在西周宫宴中便有蜂蜜酒的记载，并盛行于唐、宋。据中美联合考古队在山东省日照市两城镇地区的最新调研报告显示，陶器中检测出的蜂蜡碳氢化合物表明古人在新石器时代就开始往酒里加蜂蜜以增加口感，这比史料记载年份要早几千年。说明追溯到距今4600年的新石器时代，古人已经懂得用稻米、蜂蜜和野葡萄之类的食物酿酒。

早在西周时期就有关于蜂蜜酒的记载

尽管很早人类就食用蜂蜜并了解蜂蜜与蜜蜂的关系，但在19世纪之前的漫长时期里，蜜蜂一直是在半野生的状态下为人类辛勤劳作。直到1853年，美国人朗斯特罗什（Langstroth）在其著作*The Hive and the Honey Bee*（《巢与蜂蜜》）中阐述了人工饲养蜜蜂及获取蜂蜜的技术，并发明了具有活动巢板的巢箱及用于分离蜂蜜的离心机，至此开启了现代养蜂业。从那以后，可以说养蜂的基本流程一直沿用着他的方法。这种巢箱也被人称作标准蜂箱或朗氏蜂箱。

蜂蜜是理想的天然美容剂。早在1700年前，古人已经开始将蜂蜜用于养颜美容。晋代郭璞在《蜜蜂赋》中记载“灵娥御之以艳颜”，即指晋代女子直接用天然蜂蜜抹面养颜美容。百岁名医甄权《药性论》载蜂蜜“常服面如花红”。

蜂蜜是可以食用的美容剂，其美容效果好，且历史悠久。在唐代，曾广泛流传这样一个故事：永乐公主面容干瘪、肌肤不丰，后常以蜂蜜泡茶饮用，3年后她竟出落得丰美艳丽、丰姿绰约，判若两人。后来人们发现，蜂蜜能使“老者复少，少者增美”，具有补髓益精、明目悦颜的功能。

在国外，传说埃及女王克里奥佩特拉将蜂蜜当作化妆品，用来保养她的美丽肌肤，并以她惊人的美貌和智慧而著称于世。后来，考古学家在埃及阿斯旺省附近的帝王谷，发现一块刻满象形文字的石碑。据考证，石碑上记述的埃及女王克里奥佩特拉的美容秘方中，就有两种用蜂蜜美发的配方：一是将一匙蜂蜜与半杯牛奶混在一起，洗完头后用这种混合液在头上按摩，15分钟后再洗掉，头发将变得光亮；二是洗完头后，把一匙蜂蜜浇在头发上，可使头发油黑发亮。希腊妇女用蜂蜜在脸上擦抹作化妆用品，据说希腊女子肤色柔丽，容颜娇妍与此密不可分。

当今，用蜂蜜美容就更普遍。世界著名影星索菲娅·罗兰虽已年过花甲，却身材匀称，行动敏捷，肌肤柔嫩而光泽，风韵犹存。不少影迷尤其是年过半百的女士们都在千方百计探索她保持青春活力的养颜秘诀。她在介绍自己的秘方时特别强调：“我不是开药方，因为任何药方都不能包治百病，每个人有每个人的生活环境、条件，每个人的经历也不同，我的秘方就是‘运动＋花蜜’。我的方法不仅适用于我自己，我相信每个女人，尤其是30岁左右的女人，只要找到合适自己的生活方式，就能保持青春起码到60岁。”[3] 1998年，日本报纸《读卖新闻》家庭版上曾发表一篇专访，介绍女作家平林英子青春永驻，根本不像80岁的高龄老人，脸上没有一丝皱纹。记者问她用哪类美容抗皱剂，她回答说，自己从来没用过抗皱剂之类的化妆品，只不过每天

索菲娅·罗兰用蜂蜜留住青春

早晨拿纱布蘸些蜂蜜汁擦脸，一直坚持不断。这是家母传授的，她老人家活到90岁，脸上皱纹也很少。这篇专访可以说轰动一时，各家报刊、电视台、电台竞相宣传，化妆品厂商更不会放过这一信息，很快就竞相生产出“花蜜美容液”，供应紧缺的市场，该产品受到广大消费者的青睐，大有压倒工业化妆品的趋势。在当今回归自然追求天然的保健时尚中，既能养颜美容又能保健的天然蜂蜜，无疑是最佳天然美容剂之一。

1.8 蜂蜜的服用方法和时间

（1）饭前半小时服用蜂蜜，可刺激胃酸的分泌，患萎缩性胃炎（缺乏胃酸）者，宜饭前服用；反之饭后2～3小时服用，可抑制胃酸的分泌，患肥厚性胃炎（胃酸过多）者，宜饭后服用。

（2）用凉水或温水（一般水温在40℃左右，与人体体温相近）冲服，忌高温。夏天置于冰箱中冷藏后风味更佳。

（3）蜂蜜放在口里含服，可缓解咽喉炎，对熬夜后的火气上升有一定作用。饮酒后，含服浓蜂蜜，能加速酒精分解，消除头痛，减少酒精对肝的损害。

1.9 蜂蜜的保存方法

优质蜂蜜一般在密封状态下放阴凉处可长期保存。存放蜂蜜的容器最好是玻璃或陶瓷器皿等，不能在铁、铝等金属容器长时间储存，以防蜂蜜腐蚀容器，产生游离重金属污染蜂蜜。

装入容器的蜂蜜应置于清洁、阴凉、通风干燥处，也可放在冰箱的保鲜层内。每次取食蜂蜜后，要将容器口盖好，以防污染。

1.10 真假蜂蜜的鉴别方法

随着人们对蜂蜜保健功能的认识，人们对蜂蜜的需求量也越来越大，很多不良商贩在利益的驱使下，将黑手伸向了蜂蜜。现在市场上蜂蜜的造假已经到了“炉火纯青”的地步，简单用蔗糖、葡萄糖、果葡糖浆、淀粉、各种添加剂造假的时代已经过去，在先进设备的加入下，90%以上的假蜜不但外观可以以假乱真，在气味（真正的蜂蜜在取出后两个月内香味会挥发大部分，而加了香精的蜂蜜会留香很久）和口感上也有不错的相似度，使用先进检测仪器都很难单方面判定真假，普通消费者想要鉴定出来难度更高。

鉴别真假蜂蜜的常见误区

误区1：拉丝法。滴一滴蜂蜜到纸上看看有没有渗透。首先，随着温度的升高，蜂蜜的黏稠度会降低，蜂蜜的波美度*受温度影响很大，当温度升高时，波美度变小；当温度下降时，波美度变大。这就是为什么在夏天，蜂蜜都会变稀，而这时候拉丝法不适用。运用拉丝法的适宜温度是20℃，温度过高是不能拉丝的，而且这只能判断蜂蜜大概的黏稠度，不能判断真假。

波美度：42度以上，含水量19%；

波美度：41度以上，含水量21%；

波美度：40度，含水量23%；

波美度：39度，含水量25%。

即使是波美度达到42度还是会有19%的水滴到纸上渗透，只能说明蜂蜜波美度不够高，含水量大，而含水量大跟酿造花蜜的时间、当地的天气、湿度、蜜源植物本身、地域等有关。

误区2：看颜色。蜂蜜的透明程度和颜色，取决于蜜源植物本身。

误区3：看瓶身的配料表。某些蜂蜜配料表上也只有蜂蜜，但是那些可能根本不是原蜜。

误区4：纯蜂蜜有微酸味。有微酸味是酿造时间不足，有点发酵的蜜。正常的成熟蜜是不会酸的（除非用滚烫的水冲泡），而是带有蜜源植物本身的花香，一些蜜源植物本身就是带酸味的除外，如柑橘蜜等。

---

* 波美度（°Bé）是表示溶液浓度的一种方法，蜂蜜波美度即为蜂蜜的浓度，确切含义是指蜂蜜中可溶性固形物的百分含量。

误区5： 手捻法。有说法称用手捻结晶蜜，若是有难化的颗粒即是掺（白糖）蜜，这是不科学的。除非掺假者直接在结晶蜜里搅和白糖粉才会是这个结果，真正的掺假蜜或假蜜，其结果应当是不结晶或结晶松散黏度小。

综上，期望通过感官系统来判断蜂蜜是否掺假不太可行，那么应该如何鉴定蜂蜜呢?

我们要知道蜂蜜的组成成分。蜂蜜的主要成分是糖，糖类约占到蜂蜜总量的82%。第二大成分是水分，占比约为17%，再加上0.3%的蛋白质，剩下0.5%为矿物质、膳食纤维和维生素。在组成蜂蜜的糖中，主要成分是果糖和葡萄糖（大约占77%），还有少量的其他糖类（蔗糖、麦芽糖和半乳糖，占5%左右）。蜂蜜的甜度、外观，基本上是由葡萄糖和果糖决定的。

知道了蜂蜜的成分，就可以明白是如何掺假的了。

第一：兑蔗糖。

蜂蜜的主要成分是糖，掺假的人就直接往蜂蜜里兑蔗糖（读者可以将蔗糖简单直接地理解为白砂糖），然后加热炼制即可。为了应对这种掺假，GH/T 18796—2012对蜂蜜果糖和葡萄糖的含量作了规定：葡萄糖和果糖的含量应大于60%。同时，按蜂蜜种类不同，蔗糖含量应低于10%或5%，如果蜂蜜中蔗糖含量高于10%或5%（按种类），则表明蜂蜜中掺入蔗糖，是掺假行为。近年来，白砂糖价格提升，这种掺假现象越来越少。

表1 理化要求

项目		一级品	二级品
水分/%	≤		
荔枝蜂蜜、龙眼蜂蜜、柑橘蜂蜜、鹅掌柴蜂蜜、乌桕蜂蜜		23	26
其他		20	24
果糖和葡萄糖含量/%	≥	60	
蔗糖/%	≤		
桉树蜂蜜、柑橘蜂蜜、紫花苜蓿蜂蜜、荔枝蜂蜜、野桂花蜂蜜		10	
其他		5	
酸度(1 mol/L 氢氧化钠)/(mL/kg)	≤	40	
羟甲基糠醛/(mg/kg)	≤	40	
淀粉酶活性(1%淀粉溶液)/[mL/(g·h)]	≥		
荔枝蜂蜜、龙眼蜂蜜、柑橘蜂蜜、鹅掌柴蜂蜜		2	
其他		4	

GH/T 18796—2012对蜂蜜中果糖和葡萄糖的含量规定

第二：加高果糖浆。

高果糖浆是玉米淀粉水解之后得到的葡萄糖和果糖的混合物，也就是用玉米卖了蜂蜜价。为了应对这种掺假，GH/T 18796—2012中规定蜂蜜中碳-4植物糖的百分含量≤7%。如果超过7%，说明掺入了以玉米或甘蔗为原料的葡萄糖和果糖，是掺假行为。

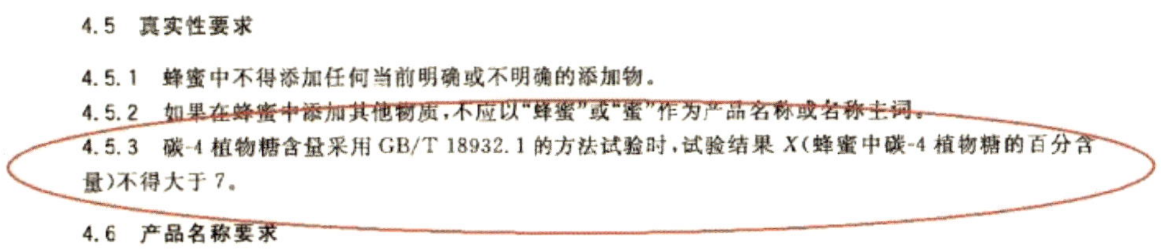
4.5 真实性要求

4.5.1 蜂蜜中不得添加任何当前明确或不明确的添加物。

4.5.2 如果在蜂蜜中添加其他物质，不应以"蜂蜜"或"蜜"作为产品名称或名称主词。

4.5.3 碳-4 植物糖含量采用 GB/T 18932.1 的方法试验时，试验结果 X(蜂蜜中碳-4 植物糖的百分含量)不得大于 7。

4.6 产品名称要求

GH/T 18796—2012 对蜂蜜中碳-4 植物糖的百分含量规定

这里对碳-4植物糖进行简单介绍：植物通过光合作用把空气中的二氧化碳固定下来，转化成淀粉。这个“固碳”过程分为两大类：一类称作“碳三途径”，大多数植物都采用这种途径；另一类称作“碳四途径”，其光合作用的效率更高，玉米就是采用这种途径。蜂蜜中的糖是碳-3植物糖，这样通过对碳-4植物糖的检测，即可知道蜂蜜中是否加入了由玉米淀粉经水解而得的葡萄糖和果糖。

第三：加碳-3植物糖。

加入碳-4植物糖会被检测出来，那就加碳-3植物糖。大米是碳-3植物糖，通过水解大米淀粉得到的大米糖浆含果糖和葡萄糖，如果在蜂蜜中掺入大米糖浆，碳四检测就无能为力。这时可以通过液相色谱-质谱联用的检测方法予以区分，加过大米糖浆的蜂蜜经检测得出的色谱图上会有一个特殊的峰，而真正的蜂蜜没有此峰，但是目前的蜂蜜标准里并没有把这个方法写入。在编者看来二者成分其实没有本质的区别，不影响正常食用。

其实食品掺假一直在发展中，对应的反掺假技术也在不断提升改进。Codex标准*中也对食品掺假有同样的规定。

---

* Codex标准是由国际食品法典委员会（简称CAC）制定的。在相关食品标准制定方面，Codex标准是唯一的、最权威的国际标准。

1.11 好蜂蜜的选购

在日常生活中要想买到卫生纯正的蜂蜜，最好的方法还是从正规渠道选购正规厂家的产品。在选购时，注意查看标签配料表。纯蜂蜜不添加任何其他成分，配料中只有蜂蜜，在蜂蜜中添加任何淀粉类、糖类、微量元素、增稠剂等物质，都只能称为“蜂蜜制品”，并非纯蜂蜜产品[4]。

养蜂基地

蜂蜜美容小妙方

（1）纯蜂蜜面膜

可将蜂蜜加2～3倍水稀释后，每日涂敷面部，并适当地进行按摩；也可以用无纺布浸渍蜂蜜后，轻轻地擦脸，擦到脸部有微热感为止，然后用清水洗净。

（2）蜂蜜牛奶面膜

取蜂蜜10克，鲜牛奶10毫升，蛋黄1个搅拌均匀，调制成膏状，洗脸后涂于面部，20分钟后洗去，每日1次。此方法能营养皮肤，防止脸部皱纹，促使皮肤白嫩。

（3）蜂蜜西红柿面膜

蜂蜜、西红柿各200克，将西红柿洗净捣烂榨汁，把汁兑入蜂蜜中调匀，洗脸后均匀涂于面部，每2日1次。此方法可使皮肤强健、润滑、细嫩、增白、光泽。

（4）蜂蜜唇膏

将蜂蜜直接当唇膏使用，可使嘴唇更加滋养红润。

长期用蜂蜜作面膜、洗脸能使皮肤细腻、光洁、富有弹性。

2 蜂王浆

2.1 蜂王浆的来源

蜂王浆是由青年工蜂的咽下腺和上颚腺分泌的，经过蜜蜂的生物加工，产生本质变化，其作用和功能大大提高。工蜂和蜂王都是由受精卵发育而来，都是雌蜂，但蜂王因为终身都吃蜂王浆，生殖器官发育完全而成为蜂王，而工蜂只在前三天吃蜂王浆而后改吃蜂蜜和花粉，生殖器官发育不完全而不具备生育能力。普通工蜂的寿命一般是1~3个月，蜂王的寿命却长达5年，最长可达6~7年，且蜂王每天产卵2000粒左右，超过了自身的体重，这些都是蜂王浆在其中起着神奇的作用。

工蜂小心翼翼地保护蜂王浆中的蜜蜂“宝宝”

2.2 蜂王浆的性状

新鲜的蜂王浆多数呈乳白色或淡黄色，为半透明的乳浆状半流体；有光泽，手感细腻，微黏，无气泡，无杂质，具有独特的蜂王浆香气，有明显的酸、涩、辛辣味。蜂王浆保存时间过长以及蜂王浆与空气接触时间过久而被氧化等因素，会造成蜂王浆颜色加深。

刚取出的鲜蜂王浆

蜂王浆呈酸性，pH为3.9~4.1，不

溶于氯仿；部分溶于水，其余与水形成悬浊液；在酒精中部分溶解，部分沉淀；在浓盐酸或氢氧化钠中全部溶解。

蜂王浆对热极不稳定，在常温下放置72小时，新鲜度明显下降。但在低温下很稳定，在 -2℃时可保存一年，在 -18℃时可保存数年。蜂王浆暴露在空气中，会起氧化、水解作用；光对蜂王浆有催化作用，对其醛基、酮基起还原作用。

2.3 蜂王浆的主要成分

蜂王浆的成分相当复杂，一般水分含量为62.5%～70%，干物质占30%～37.5%。干物质中含蛋白质36%～55%，转化糖20%以上，脂肪7.5%～15%，矿物质0.9%～3.0%，还有一定量的未知物质。蜂王浆中还含有人体必需的各种氨基酸和丰富的维生素，以及无机盐、有机酸、酶、激素等多种生物活性物质。

蜂王浆中存在一种特殊的不饱和脂肪酸：10-羟基-Δ2-癸烯酸（简称10-HDA），在自然界中，这种酸只在蜂王浆中存在，因此又称为王浆酸。蜂王浆中王浆酸的含量在1.4%～2.4%，因蜂种、生产季节、蜜源植物、蜜蜂的群势不同而异。王浆酸的存在，使蜂王浆的保健作用更加全面、更具明显的效果。

蜂王浆还含有超氧化物歧化酶（SOD），SOD是自由基的天然清除剂，在机体氧化与抗氧化过程中起着至关重要的平衡作用。

蜂王浆中含有痕量的性激素成分，每100克鲜蜂王浆中含性激素不超过0.8微克，是一种天然产物，它对有机体不但无害而且是必不可少的。

2.4 蜂王浆的保健作用

（1）抗衰老，延年益寿：蜂王浆中含有多种抗氧化活性成分，能清除自由基，延长细胞寿命，增强细胞活力，延缓衰老。

（2）降血脂：蜂王浆含有人体必需的维生素达10种以上，能平衡脂肪代谢和糖代谢，可降低肥胖者的高血脂和高血糖，非常适合肥胖型糖尿病患者。

（3）增强免疫，预防亚健康状态：蜂王浆能刺激人体产生抗体，激发免疫细胞活力，具有调节和增强机体功能和抗病的作用。对慢性疲劳、持续的身心失调、慢性咽痛、反复感冒、精力不支等亚健康症状有一定作用。

（4）调节内分泌，调理器官功能：蜂王浆能调节内分泌，预防感冒，改善肌肤，对更年期综合征及各种老年病、慢性病有良好的改善和康复作用。

2009年10月，美国*Journal of Medicinal Food*（《医疗食品期刊》）发表德国吉森大学医学院K.Münstedt等教授论文*Royal jelly reduces the serum glucose levels in healthy subjects*（蜂王浆可降低人体血清中的葡萄糖水平）。

2014年9月19日召开的“蜂王浆安全性评价及应用研究高层论坛”上，北京协和医院内分泌科糖尿病中心副主任肖新华教授做了《蜂王浆免疫调节作用对内分泌的影响》的报告。报告中列举了大量临床试验数据，论证蜂王浆对糖尿病的辅助治疗作用。

（5）防癌抗癌，辅助治疗癌症：蜂王浆服用后可促进细胞生长，抑制正常细胞病变，净化血液，提高人体巨噬细胞活力，起到防癌抗癌的作用。

（6）镇静安神，改善神经衰弱：蜂王浆能调节人体神经系统的平衡，迅速消除睡眠障碍，对神经衰弱引起的失眠有一定改善。

（7）恢复和加强男女性机能：蜂王浆含有促进男女性腺激素，还能直接刺激生殖及其相关器官并强化其功能，使性中枢青春常在。

（8）防治口腔、咽喉类疾病：含服蜂王浆对牙龈炎、牙周炎、口腔溃疡、咽喉炎、口气不清新等皆有辅助防治效果。

（9）酒后含服可解酒：蜂王浆含有多种营养成分，可调节机体代谢，使体内酒精快速分解排出体外，具有修复、促进肝的功能。蜂王浆中的乙酰胆碱还可调节神经系统，使人快速恢复意识，缓和醉酒后的意识模糊。

2.5 蜂王浆的服用方法和服用量

蜂王浆的最佳服用时间是早餐前半小时或晚上就寝前1小时，因为空腹状态下含服蜂王浆效果最佳。空腹可减少胃酸对蜂王浆有效成分的破坏，使吸收效果更好。

成年人保健每天可服用5克左右；一般疾病每天可服10～20克，重病患者辅助治疗癌症每天服用30克以上。

需要注意的是，在蜂王浆服用前，可临时将蜂王浆与蜂蜜混合勾兑以改善蜂王浆的口感，混合后的蜂王浆应避免长期储存。首先，蜂王浆和蜂蜜本身的水分含量不同，混合后对蜂王浆中的某些活性蛋白有所影响，使蛋白质变性；其次，蜂王浆中的水分含量相对蜂蜜较高，混合后使蜂蜜水分增加，储存不当就极易引起蜂蜜的发酵、变质，影响产品质量；最后，相对蜂蜜来说，蜂王浆的相对密度较轻，混合后蜂王浆浮于蜂蜜上层，容易被氧化，引起产品变质。

2.6 蜂王浆的保存方法

蜂王浆有六怕：一怕空气（氧气），蜂王浆在常温条件下有很强的氧化性，容易发生氧化；二怕热，高温会破坏蜂王浆的有效成分，当温度达130℃，蜂王浆营养价值很快就会消失；三怕光线，光线就如同催化剂，使蜂王浆中的醛、酮物质分解；四怕细菌污染，蜂王浆在常温下很容易受细菌污染，放置15～30天，颜色变成黄褐色，易腐败，散发出强烈的恶臭味，并有气泡产生；五怕金属，蜂王浆有一定酸性，会与金属发生反应；六怕酸、碱，酸、碱都会破坏蜂王浆的营养成分。

蜂王浆置于-18℃的温度下保存两年以上，置于冰箱的冷冻箱保存18个月，其成分与功效保存完好，食用效果佳。没有冰箱时将蜂王浆与蜂蜜按1：2的比例搅匀保存，1～5℃冷藏不得超过1个月。

2.7 蜂王浆与激素

乳腺癌是全球女性最常见的癌症之一，大量研究资料证明，人体内分泌紊乱，性激素水平异常偏高，是诱发乳腺癌的重要因素之一。20世纪50年代开始，欧美国家许多妇女在医生的指导下应用激素替代疗法（HRT）改善更年期症状，预防骨质疏松，取得了满意的效果。

2002年7月，美国妇女健康协会（HWI）报告显示长期使用激素替代疗法将患乳腺癌风险加倍。由此，大部分欧美国家女性放弃激素替代疗法。但英国布里斯托大学的研究人员发现，接受激素替代疗法人数的减少并不会影响乳腺癌患病概率，说明这种疗法与乳腺癌的发生无关。

激素替代疗法与乳腺癌相关性的争议引起了人们对性激素的担忧，“蜂王浆激素会引发乳腺癌”的传言不胫而走。

2010年，全国蜂王浆内销市场销售量为2000吨，2013年跌至1200吨，跌幅高达40%。形成明显反差的是外销出口量从2010年的1200吨猛增到2013年的1600吨，增幅达25%，并创历史新高，首次出现外销总量超过内销的现象。日本和欧盟国家仍是我国蜂王浆的主要出口市场。

近几年，在我国部分城市出现了“蜂王浆激素论”的舆论倾向。医生在接诊时，会提醒病人不要吃蜂王浆，宣传蜂王浆中有雌激素，容易起乳腺癌等妇科疾病。

那么蜂王浆到底有没有激素？含量怎么样？有没有高达致病剂量？

1988年，北京市农业科学院曹均等采用放射性免疫分析法（RIA）测定100克鲜蜂王浆中含雌二醇416.7纳克（4.167纳克/克），睾酮108.2纳克（1.082纳克/克），孕酮116.7纳克（1.167纳克/克）。2002年，南京师范大学生命科学院学者用放射性免疫分析法测定蜂王浆冻干粉中性激素含量，结果显示，每100克样品中含雌二醇43.7～67.5纳克，睾酮33～110纳克，孕酮260～560纳克[5]。

2010年6月，国家兴奋剂及运动营养测试研究中心，依据YYB-104-FD2009性激素检测方法，测定蜂王浆中的性激素，检测下限为100纳克/克，检测结果显示蜂王浆中未检出孕酮、雌酮、雌二醇、雌三醇、己烯雌酚、睾酮、甲基睾酮七种性激素。总之，蜂王浆中性激素含量很低，为痕量*。

再来看看我们日常所吃的动物性食品中激素含量如何。

2000年，北京市卫生防疫站对动物性保健食品性激素含量调查的同时，又对市场销售的一般性动物性食品的性激素进行了检测。结果发现，牛羊肉雌二醇含量为0.038～1.67毫克/千克（单位换算下即38～1670纳克/克），是蜂王浆雌二醇含量的10～400倍；羊肉孕酮含量0.650毫克/千克（650纳克/克），是蜂王浆孕酮含量的500多倍；牛奶孕酮含量0.020～0.150毫克/千克（20～150纳克/克），是蜂王浆孕酮含量的20～130倍。由此可见，和牛羊肉等动物性食品一样，蜂王浆含有正常合理的性激素，且含量远远低于前者。

上面所提到的颇具争议的激素替代疗法雌二醇的用量是每天1～4毫克，100克蜂王浆中的雌二醇含量仅为416.7纳克，相当于每天每人要服用240～960千克蜂王浆，才能达到治疗剂量，显然这是不现实的。因此，将蜂王浆与激素替代疗法联系到一起更是无稽之谈。我国著名的乳腺肿瘤专家武正炎教授指出“不要把蜂王浆和激素替代疗法混为一谈”。

---

* 指极小的量，在应用科学领域，某种物质的含量在百万分之一以下称为痕量。

2.8 常见蜂王浆产品介绍

❶ 鲜蜂王浆

纯鲜蜂王浆是指从蜂箱中取出王台，蜂农直接采集（刮浆）而来，未经过任何现代工艺处理的蜂王浆。这种蜂王浆一般是直接从养蜂者手中购得，需用冰箱进行冷藏，或在温度-18℃左右的条件下保存，随用随取。

虽然说鲜蜂王浆是一种天然食品，不必经过任何加工处理就可以直接食用，但事实上从养蜂者手中购得的鲜蜂王浆存在两个缺点：一是包装不规范，要么在容量为几千克的塑料桶中盛放，要么包装瓶口很小不易取出食用，给消费者食用带来很大不便；二是养蜂者采集时带入蜡屑、幼虫及其他杂质影响口感，影响食用。因此，最好通过专业的生产厂家将鲜蜂王浆进行处理及包装，取其精华，去除杂质，方便消费者食用。

鲜蜂王浆除了上面所讲的两点缺点以外，同时也存在其他一些不足需要改进，比如携带不便、适口性较差、食用剂量不易掌握、食用不方便、必须冷藏保存，常温下，鲜蜂王浆的活性物质易变质。

鲜蜂王浆

为了适应消费者的需要，厂家将自养蜂场收购的鲜蜂王浆加工处理后分装成100克、250克、500克等不同规格的瓶装鲜蜂王浆；有的生产厂家为了消费者食用蜂王浆更加方便，则分装成2克、3克和5克等不同规格的袋装鲜蜂王浆。

由于未经过深加工处理，能保持蜂王浆新鲜度，其活性物质也不易被破坏，所以这种鲜蜂王浆的质量十分稳定和可靠，近年来深受消费者的欢迎。储存时需要注意，如果是近期（比如一周内）服用的可以冷藏存储，不是近期食用的最好-18℃冷冻保存，食用时提前几小时放置冷藏解冻即可。要避免鲜蜂王浆反复冷冻、解冻，这样易对生物活性成分造成破坏。

近年来，食用鲜蜂王浆者较多，消费者可以根据自身情况取出一定数量后直接服用。另外，为了解决鲜蜂王浆食用存在的口感不足，可以根据个人对甜度的需要，用鲜蜂王浆和蜂蜜1∶1（或1∶2）调和的办法解决口感问题，对于一些不宜食用蜂蜜的糖尿病患者，也可以用木糖醇液等（不含蔗糖的甜味剂）代替蜂蜜进行调和后食用。

为了更好地储存鲜蜂王浆，充分利用其药用和食用价值，近几十年来，国内外都很重视鲜蜂王浆制剂的研究，很多生产厂家联合科研院所，通过加工成制剂，解决了鲜蜂王浆存在的一些不足。随着人们生活水平不断提高，大家的保健意识也不断加强，鲜蜂王浆及其制品越来越受到人们的欢迎。

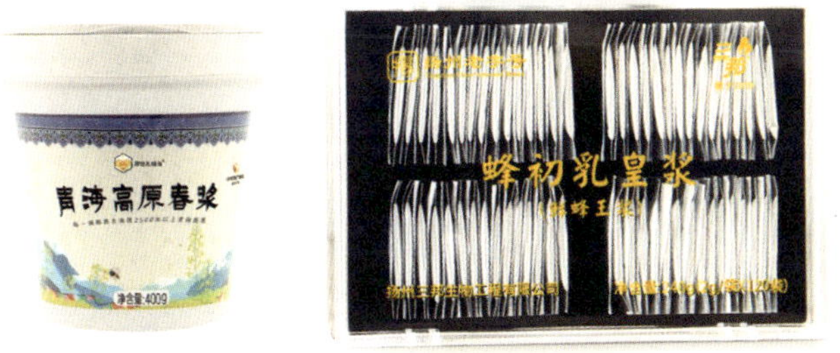

纯鲜蜂王浆

蜂蜜、鲜蜂王浆

❷ 蜂王浆冻干粉

鲜蜂王浆在常温下很难保证其品质，食用起来也有诸多不便，为了解决这个问题，20世纪90年代初期，有厂家将鲜蜂王浆经过真空冷冻干燥，加工成蜂王浆冻干粉。蜂王浆冻干粉完好地保留了鲜蜂王浆的色、香、味和有效成分，体积和营养成分也大大浓缩（比如鲜蜂王浆10-羟基-Δ2-癸烯酸含量约2%，做成蜂王浆冻干粉则含量约6%），一般是3克鲜蜂王浆制成1克蜂王浆冻干粉，而且活性稳定。蜂王浆冻干粉与鲜蜂王浆有一致的疗效，用铝箔包装或在密封避光容器中，阴凉干燥处储存2年质量不变。蜂王浆冻干粉较全面地保存了蜂王浆的有效成分，在常温下保存稳定，可随身携带，服用方便，是一种比较理想的加工制剂。

① 蜂王浆冻干粉的制作原理。

将鲜蜂王浆在低温（-35℃）快速冻结成固态，然后在适当的真空条件下，供给升华热，使蜂王浆中冻结的水分直接升华成水汽逸出，达到干燥的目的。因使用低温速冻，使冰晶细腻均匀地分布于蜂王浆中，在升华的过程中不会使蜂王浆出现脱水干缩的现象，避免由于蒸发产生泡沫、氧化等副作用。

② 蜂王浆冻干粉制作工艺流程。

鲜蜂王浆加蒸馏水（1：1）均质、过滤、装盘或装瓶→冷冻（-35℃以下）→真空干燥→解吸干燥→出料、粉碎、分装。

③ 蜂王浆冻干粉制作要点。

第一阶段，均质过滤。取新鲜蜂王浆一份，加入等量无菌蒸馏水，充分搅拌混合均匀，经80目以上滤网过滤，除去蜡屑、幼虫等杂质，将过滤后的蜂王浆液分装入不锈钢盘后放入真空冷冻干燥器内。第二阶段，冷冻升华。开冷冻干燥机，使干燥箱内的温度迅速降低至-45℃，随后关闭制冷系统。第三阶段，真空干燥。开启抽真空设备，并缓缓地向系统供热，并在预设的程序升温条件下，干燥大约18小时，此时蜂王浆中仍含有10%左右的水分，还不能达到蜂王浆冻干粉的质量标准，需继续干燥。第四阶段，解吸干燥。常温干燥过程的温度以30～40℃为宜；当温度提高时，蜂王浆中的水分由于饱和蒸气压提高，与冷凝器的蒸气压差大大增加，使得蜂王浆中残留水分溢出，当干燥器内蜂王浆的含水量下降到2%左右时，即可关闭系统，这一阶段需要4～6小时。第五阶段，出料。由于蜂王浆冻干粉吸湿性强，粉碎和分装操作时要求在相对湿度低于40%的条件下，在无菌操作间内快速完成各项操作，采用铝箔袋包装或其他密封容器将蜂王浆冻干粉成品分装后置于避光干燥处储存。

20世纪90年代，一些具备生产药健字号的厂家，把蜂王浆冻干粉分装成0.5克、1.0克的小铝箔袋进行销售。1996年国务院办公厅在14号文件中要求各地药政部门停止审批保健药品，2004年药健字号被取消，改发“药准字”和“食健字”文号。近几年国家对鲜蜂王浆进行初级加工的冻干粉放开，蜂王浆冻干 粉可以作为蜂制品生产销售。

❸ 蜂王浆冻干粉口服片

口服片具有剂量准确、体积小、携带和储运方便、生产的机械化和自动化程度高等优点。目前市场上主要有3种蜂王浆冻干粉口服片：第一种是合成的蜂王浆冻干粉含片，大多数厂家生产蜂王浆冻干粉片剂时，加入药用淀粉和硬脂酸镁等其他辅料制成，一般这样的产品10-羟基-Δ2-癸烯酸（又称王浆酸）含量在1%～3%；第二种是少数厂家采用高端压制技术，没有添加任何辅料，直接把100%纯蜂王浆冻干粉压制成片剂，王浆酸一般在5%左右，极少数厂家因选用最优质的蜂王浆，其制成的蜂王浆冻干粉片王浆酸含量达到6%（或以上）。已知卫生部门批准的保健食品蜂王浆冻干粉王浆酸含量最高达到6.1%。对于王浆酸含量高的纯蜂王浆冻干粉片，含服效果更佳。第三种是把辅料改成灵芝孢子粉、虫草等药食两用的高端原料，配成复合型蜂王浆冻干粉片剂，虽然王浆酸含量有所降低，但同时取得一些其他成分的营养价值。

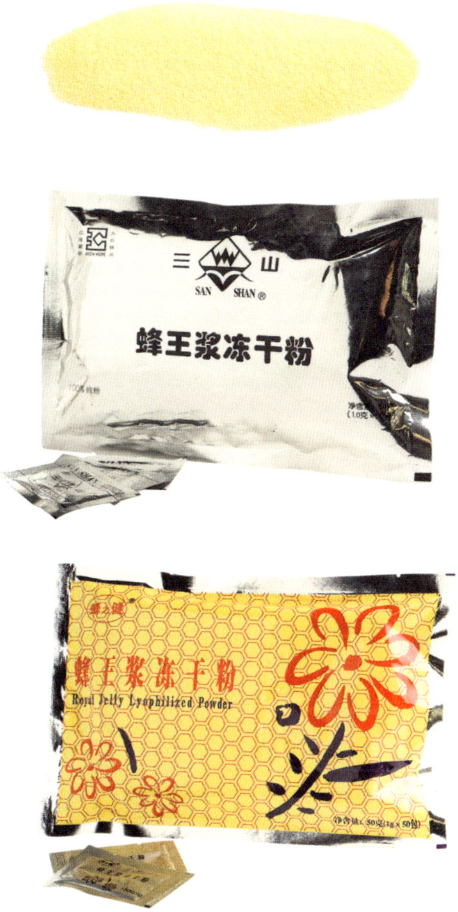

蜂王浆冻干粉

由于蜂王浆冻干粉易吸潮，一些厂家采用包衣技术起到较好的防潮作用。蜂王浆口服片是以蜂王浆冻干粉为原料，乳糖为稀释剂，硬脂酸镁为润滑剂，羟丙甲纤维素、聚乙二醇4000、二氧化钛、滑石粉、柠檬黄等为包衣辅料制成的包衣片剂。包

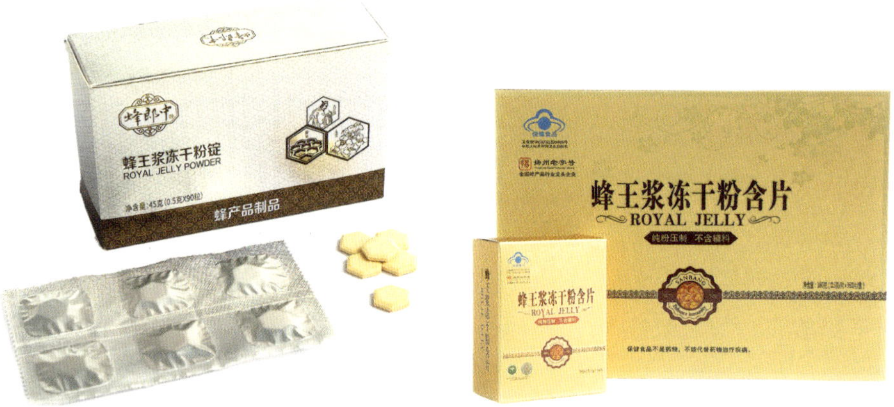

蜂王浆冻干粉口含片

衣片剂对外包装要求相对会低一些，比如采用瓶子分装即可。而直接高端压制的蜂王浆冻干粉片，吸湿性比混入辅料的片剂更强，所以一般都采用双层铝箔，或者铝箔包装后再采用其他包装密封分装。

4 蜂王浆胶囊

蜂王浆胶囊是我国生产较早的一个剂型，按外壳的性质分为硬胶囊和软胶囊两种。硬胶囊外壳填装的是固体物料；软胶囊外壳主要填装非水溶性液体（主要是油状）物料。

蜂王浆硬胶囊内填装的是蜂王浆粉剂，目前市场上有两种：一种是纯蜂王浆冻干粉灌装；另一种是在蜂王浆冻干粉中加入适量的食品或药品（淀粉、人参皂苷粉等）的混合物。填装可以采用手工、半机械化或全自动机械填装操作。目前，随着自动化技术的不断发展，硬胶囊自动填充机优势明显，由于设备操作简单，产品质量有保障，生产效率大大提高，而且设备成本也大大降低，已经逐渐被多数厂家认可。

蜂王浆冻干粉用手工或胶囊机填装胶囊，检查剔除次品，将胶囊外壳清理干净后装瓶或装板，贴标签后入库。一些加入其他中药材成分的复合型蜂王浆冻干粉胶囊产品，是将中药材浸泡煎煮提取有效成分后做成提取物干粉，然后将提取物干粉与蜂王浆冻干粉混匀后，再填装硬胶囊，后续工艺和蜂王浆冻干粉胶囊一样。

软胶囊又称弹性胶囊或胶丸，因为盛装物料的胶囊壳含有一定量的甘油等物质，富有弹性，比硬胶囊壳软。制作软胶囊需要一定的设备，与硬胶囊的两个半壳组成一

蜂王浆冻干粉胶囊

蜂王浆软胶囊

粒胶囊不一样，软胶囊的外壳成型与物料的填装几乎是同时完成的，整个软胶囊是一个密封的整体，因而要用专门的设备进行生产。蜂王浆软胶囊是将蜂王浆冻干粉和植物油充分混悬，制成油状的悬浮液作为装填物，加工成蜂王浆软胶囊。

5 蜂王浆蜜乳

蜂王浆蜜乳又称蜂乳或蜂浆，是把鲜蜂王浆和蜂蜜均匀地混合在一起制成的一种液体剂型，不添加任何防腐剂。该产品加工方法简单、成本低、服用方便、利于人体吸收。在20世纪80年代，蜂王浆蜜乳是国内市场上很受消费者欢迎的一种营养品。蜂王浆蜜乳的特点是利用蜂蜜来保护蜂王浆的各种有效成分，它将蜂王浆和蜂蜜的优点综合，克服了蜂王浆常温下不易保存和口感不好的缺点。

鲜蜂王浆相对密度比蜂蜜小，成品在放置一段时间后，蜂王浆可能会上浮，形成一些泛白色的点状物。发现这种情况时，食用前应先摇匀后再服用。制作蜂王浆蜜乳的关键：首先蜂蜜要进行破结晶处理；其次蜂王浆要充分研磨成细微粒；最后蜂蜜与蜂王浆的混合要充分，这样配制出来的蜂王浆蜜乳会减少分层概率，或者不会分层。

6 蜂王浆口服液

蜂王浆口服液主要有两种：一种是纯鲜蜂王浆和蜂蜜加工而成；另一种是辅以其他具有滋补营养作用的食品或中草药的提取物加工而成。蜂王浆口服液不仅能较好地保持蜂王浆的有效成分，提高其食用价值和商品价值，还弥补了蜂王浆的口感不好、

蜂王浆蜜乳

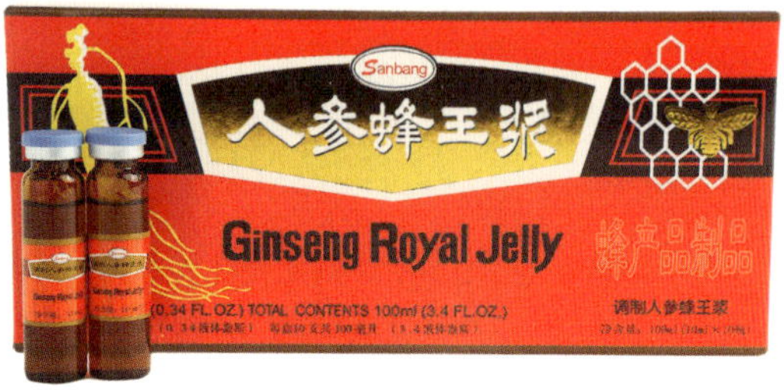

蜂王浆口服液

不宜常温储存、携带不方便等不足，适合老中青不同人群服用。下面简单介绍几种蜂王浆口服液的生产方法。

蜂王浆口服液是在蜂王浆基础上研制的纯天然蜂王浆口服液，由优质蜂王浆和优质蜂蜜精制而成。其特点是不含任何化学添加剂（防腐剂、香精、色素等），完全保持纯天然状态。产品不分层、不结晶，保质期可达2年。操作工艺要点：蜂蜜预处理，将蜂蜜加入水浴锅（夹层锅）中，60℃左右保持30分钟，用100目筛网过滤、备用；蜂王浆预处理，将蜂王浆研磨成微乳液状态，使其乳化，便于混合，然后用120目筛网过滤、备用；混合，将处理好的蜂蜜、蜂王浆加入搅拌机中，混合成超细悬乳液；装瓶，将洗净烘干的瓶子用浓度75%的酒精进行瓶内表面消毒；贴标、入库，在低温下保存。

北京蜂王精口服液是20世纪60年代中后期，北京第四制药厂与有关单位联合研制的高级营养滋补剂，它由蜂王浆和党参、五味子、枸杞子等中草药的提取物配制而成，以药液澄明、药性温和、甜而不腻、效果显著而饮誉海内外。操作工艺要点：将党参、五味子和枸杞子切片后混合，用乙醇进行加热浸提，提取3次，合并提取液并经适当浓缩，待用；将提取液和蜂王浆、蜂蜜充分混合搅匀，然后灌装、灯检后包装，产品入库。

益寿牌双宝素口服液（又称人参蜂王浆）是20世纪70年代（江苏省）江都蜂乳厂与中国农业科学院蜜蜂研究所、中国人民解放军海军军医大学（第二军医大学）等单位联合开发的产品，获得国家医药管理局优质产品奖。操作工艺要点：把人参切碎，用乙醇蒸馏4～6小时，回收乙醇，将提取物过滤、去渣，滤液备用；将人参、蜂王浆和蜂蜜的滤液按配方比例混合搅匀，静置2小时后过滤。滤液在低温下再过滤，获得透明的双宝素液；清洗干净安瓿瓶，放入烘箱内烘烤（灭菌）干，取出冷却

出口欧洲的人参蜂王浆口服液

后即可使用；将双宝素液用安瓿瓶分装机分装后，封口，包装成成品。

20世纪80—90年代，江都蜂乳厂通过江苏省医药保健品进出口公司等外贸窗口，将鲜蜂王浆、人参蜂王浆口服液等蜂产品，远销东南亚和欧美二十多个国家，为国家创汇做出较大贡献。

蜂王浆：自然界的奇迹

同样的受精卵，同样的基因，由于食用的物质不同，使蜂王与工蜂寿命相差几十倍。吃普通蜂粮的工蜂只能生存1个多月，而蜂王能活5～7年。

世界长寿冠军日本是世界上最大的蜂王浆消费国。世界卫生组织发布报告，截至2023年末，世界最长寿国家排名中日本以平均84.3岁位列第一，其中男性平均寿命81.5岁，女性平均寿命86.9岁。日本人之所以长寿，除注重体育锻炼外，大量消费蜂王浆、讲究营养保健是重要因素之一。

3 蜂花粉

3.1 蜂花粉的来源

蜂花粉是蜜蜂采集被子植物雄蕊花药或裸子植物小孢子囊内的花粉细胞，混以蜜蜂自身的分泌物加工而成的花粉团。

蜂花粉中含有丰富的蛋白质、多种氨基酸、维生素、矿物质以及大量的活性蛋白酶、核酸等多种人体所需成分，营养丰富全面，配比天然合理，因此被营养学界、医学界誉为“纯天然的浓缩营养库”“完全营养源”“可内服的化妆品”。

蜜蜂在花丛中采集花蜜的同时，植物的花粉会粘满蜜蜂的全身，蜜蜂就用它的六足将粘在全身各处的花粉梳理到一起，混入蜂蜜及其分泌物形成小球。在蜜蜂的两只后足上各有一个花粉篮，蜜蜂就将整理好的花粉小球推进花粉篮内。蜜蜂不断重复以上的动作，直到花粉篮装满，形成两个花粉团，就满载而归了。归巢后蜜蜂将采集好的花粉统一卸在蜂巢的特定位置。

而养蜂者采用“半路打劫”的方法来收取花粉。养蜂者在蜂箱蜜蜂进出的巢门口上安装一个专门用于收集花粉的脱粉器，脱粉器上钻有许多刚好能让蜜蜂通过的小孔。当蜜蜂采集花粉飞回巢，经过脱粉器时，后足上所携带的花粉团就被截留下来。这些花粉团被收集后经除杂、干燥和灭菌，即成蜂花粉。

收集花粉

3.2 蜂花粉的主要成分

蜂花粉是自然界赋予人类的优质营养物质，含有各种对人体有益的成分，目前已知的成分有200多种。蜂花粉一般含蛋白质20%～25%，碳水化合物40%～50%，脂肪5%～10%，矿物质2%～3%，还有一些其他物质如微量元素、维生素、核酸、酶、激素等，故又被人们誉为“微型营养库”。

蜂花粉的成分复杂，归纳起来具有如下特点。

（1）营养全面。所以有人称蜂花粉为“全价天然食品”。

（2）高度浓缩。花粉含水分比体细胞少，营养富集，所以有人称蜂花粉为“浓缩的营养库”。

（3）专一特殊。花粉不同，成分不同，特殊的花粉往往含有该种植物的特殊成分。所以人们利用不同的花粉在临床上辅助治疗各种疾病。

3.3 蜂花粉的理化性质

蜂花粉是蜜蜂采集植物的花粉储于后足花粉篮带回的花粉团，一般呈不规则的扁椭圆形。干燥后的蜂花粉团粒直径在2.5～3.5毫米，每粒干重10～17毫克，含水量在8%以下，将其捏在手中轻搓有坚硬感，发出唰唰响声，极易吸湿返潮和霉变，应密闭包装保存。

蜂花粉的外壁是一层坚硬的壳，具有抗酸、抗碱、抗微生物分解的特性，其内所含各种营养物质能从壁上萌发孔中缓慢释放出来。

3.4 蜂花粉的保健作用

（1）前列腺疾病的克星：蜂花粉能调节体内各器官功能，可以增强体质，防止腺体增生；同时抑制二氢睾酮的生物效应，使增生的腺体逆转正常，是预防前列腺疾病的天然良品。

（2）清除体内垃圾，改善便秘和女性更年期综合征：蜂花粉中含有丰富的膳食纤维和乙酰胆碱，膳食纤维可促进肠蠕动，预防人体胃肠道疾病和维护胃肠道健康。乙酰胆碱可刺激肠平滑肌，加强肠道活动。服用蜂花粉后可清除体内垃圾，对改善女性更年期综合征也有很好的效果。

（3）天然美容佳品：外擦蜂花粉，为表皮细胞提供多种营养，保持表皮细胞的活力和再生能力，使皮肤细腻有光泽。内服蜂花粉，可调节内分泌，减少皮肤色素沉积、出现痤疮、皮肤粗糙等症状，保持皮肤弹性，延缓皮肤衰老。

3.5 蜂花粉的服用方法

蜂花粉的服用应根据服用者的体质状况和服用的目的不同而定。用于保健，成年人一般每日的服用量为10～15克，分早晚两次服用；用于辅助食疗疾病，成人每日可服15～30克，分早、中、晚3次服用；对于特殊病例，也可服30克以上。3～5岁的儿童每日的用量可在5～8克，6～10岁的儿童每日服用量8～12克为宜。

服用蜂花粉最好是每日早餐前半小时和晚上睡觉前1小时，具体情况因人而异，有些人在空腹状态下服用蜂花粉如感觉胃部不适，也可饭后半小时服用。

3.6 蜂花粉的保存方法

蜂花粉的保存方法比其他蜂制品简单，只需将蜂花粉装在干燥的容器内，如玻璃瓶或无毒的塑料瓶，密封放在阴凉、干燥、通风处即可。将蜂花粉放在冰箱里储存，效果更好，储存时间更长。在-18℃以下的环境中可保存几年。

3.7 蜂花粉的选购

蜂花粉营养丰富又健康，日常生活中应该如何选购适合自己的蜂花粉呢？

各种花粉营养成分含量不同，因此，各种花粉既有共性，又有其个性。当前各人对单种花粉的效果提法不一，缺乏有效的科学依据，以致用户购买花粉缺乏针对性。在此背景下，从各种花粉所含营养成分的差异以及药理药效试验的资料，对我国常见几种花粉的辅助功效加以收集整理，以供参考。

❶ 油菜花粉

油菜花粉含黄酮较高，有抗动脉粥样硬化，辅助治疗便秘、静脉曲张，降低胆固醇和防辐射作用。前列腺的发育和生理状态的维持依赖于体内足够的雄性激素，尤其是雄性激素和雌性激素的平衡，而前列腺肥大的发病机理与内分泌系统调节和控制失调有关。油菜花粉中含谷氨酸、脯氨酸等20多种氨基酸，可以改善前列腺组织的血液循环，减轻水肿，缓解前列腺肥大。油菜花粉中的黄酮类物质具有很强的抗氧化作用，也是前列腺增生的克星。油菜花粉能增强毛细血管强度，降低血脂，对糖尿病、贫血、便秘、防癌抗癌等都有一定作用。

❷ 玉米花粉

玉米花粉可利胆消肿、退黄、利血、利尿、降血压，并对人体肾功能扶正固本有效，可辅助食疗肾炎水肿、尿闭、胆囊炎、胆结石、黄疸型肝炎、前列腺肥大、前列腺炎。

❸ 荞麦花粉

荞麦花粉软化血管、对血管壁起保护作用，止血、缓和心悸，健脾理气补血，尤其适合老年人、糖尿病人服用。

❹ 向日葵花粉

向日葵花粉能够增强体质，提升精力，快速消除身体疲劳，可调理妇女因内分泌不调而引起的经期和更年期的不适，它既可以外用也可以内服，是强身健体、美容养颜的佳品，极宜女性。

❺ 茶花粉

茶花粉氨基酸含量居常见花粉之首，微量元素含量也高于其他花粉。茶花粉可延缓动脉硬化和肿瘤，另外，可提神醒脑，提高神经的兴奋性，美容护肤也首选茶花粉。

❻ 芝麻花粉

芝麻花粉止血行痢，消肿止痛，有强心作用，可作神经系统平衡剂和止痛剂，还有健胃、降血压、降血脂、美容之益处。

蜂花粉系列产品将蜂花粉按男女士需求制作，花粉活力素精选对男士健康有益的油菜花粉、荞麦花粉、玉米花粉为主要原料，经提纯、破壁后精制而成。这保持了各花粉中原有的营养物质和生物活性物质，天然纯正，是男士保健的首选。花粉青春素以向日葵花粉、茶花粉、芝麻花粉为主要原料，经提纯、破壁后精制而成，保持了各花粉中原有的营养物质和生物活性物质，口感清香，天然纯正，是女士保健首选。

蜂花粉系列产品

花粉小故事

据古食谱《山堂肆考饮食卷二》中记载，武则天被发落在感业寺清修时，因心灰意冷而容颜憔悴、风华渐失。一个偶然的机会，感业寺的住持告诉她蜂花粉养颜抗衰的妙用。从此武则天不仅早、晚以花粉为食，而且还用鸡蛋清调匀花粉敷面。时间一天天过去，奇迹也一点点出现，武则天阴晦的气色渐渐褪去，眼角的丝丝皱纹也在不知不觉中消失，重现光彩动人，比以前更加青春艳丽。容光焕发的武则天恢复了自信，终于重回皇宫，并最终成为中国历史上唯一的女皇。

一代女皇武则天对蜂花粉也是情有独钟

4 蜂胶

4.1 蜂胶的来源

蜂胶是工蜂采集植物树脂等分泌物与其上颚腺、蜡腺分泌物混合形成的胶黏性物质。蜂胶微苦、略涩，有微麻感和辛辣感，是蜜蜂群体用作自身抑菌、抗病、防腐的良药。蜂胶是一种极为稀少珍贵的天然资源，有“紫色金子”之称，被誉为“人类健康的卫士”[6]。

蜜蜂利用蜂胶筑巢

蜂胶的原料是树脂，由胶源植物的新生嫩芽和树皮处分泌，在自然条件下非常坚硬、黏稠。蜜蜂采集时由其上颚腺分泌出的一种有特殊功能的液体，喷洒在树脂的表面，很快使树脂变得松软，蜜蜂便用上颚和下颚一点一点撕咬下来，并用前足将其揉成光洁的小团，放入后足的花粉篮中，直至装满，蜜蜂就飞回巢中将其卸下来再进行加工。

蜜蜂已经在地球上生存了一亿三千万年。其间，地球经历了五次物种大灭绝，而小小的蜜蜂却能历经劫难，顽强地生存到今天，蜂胶起到了至关重要的作用。物竞天择，适者生存，由于蜜蜂成功地应用了蜂胶等天然物质，适应了严酷的环境变迁，进化成了生命力极强的社会性昆虫。蜜蜂采集蜂胶主要有如下用途。

（1）蜜蜂将采集加工而成的蜂胶涂布在整个巢房的表面，用来杀菌、防腐，靠蜂胶抑制微生物的滋生，保护蜜蜂的生存环境。

（2）蜜蜂用蜂胶调整蜂巢巢门的大小，以调节蜂箱内的温度；用蜂胶黏合蜂巢，堵塞缝隙，以防外敌入侵及雨水渗入。

4.2 蜂胶的成分

目前已知蜂胶中含有多种物质，如树脂树香复合物39%～53%，多酚类化合物12%～17%，多糖类2%～3%，蜂蜡19%～35%，杂质（含花粉）8%～12%，并且分离出了多种化学成分，如黄酮类、酚、醛、酮、酯、醚、醇类化合物等。

❶ 蜂胶中含有微量的氨基酸

缬氨酸、组氨酸、赖氨酸、精氨酸、亮氨酸、谷氨酸、异亮氨酸、半胱氨酸、苏氨酸、酪氨酸、苯丙氨酸、丝氨酸、脯氨酸、色氨酸、天门冬氨酸、甘氨酸、丙氨酸等。

❷ 蜂胶中含有微量的B族维生素

维生素B_1（硫胺素）、维生素B_2（核黄素）、维生素B_3（烟酸）、维生素B_6（吡哆醇）、维生素B_7（生物素）、维生素B_{12}（钴胺素）、肌醇。

❸ 蜂胶中含有丰富的矿物质和微量元素

常量元素有：钙、镁、磷、钾、钠、硫、硅、氯、碳、氢、氧、氮12种。微量元素有：锌、硒、锰、钴、钼、氟、铜、铁、铝、锡、钛、锶、铬、镍、钡、金等25种之多（注：硒、锰等被称为长寿元素*的物质都可在蜂胶中找到）。

❹ 蜂胶中含多种有机酸

① 苯甲酸：有防腐、祛痰作用。

② 阿魏酸：有消炎、止痛的作用，中药用于治疗偏头痛。

③ 咖啡酸：有止血、镇咳、祛痰的作用（注：世界健康基金会的科学家研究发现，蜂胶中的咖啡酸能抑制培养器皿中结肠肿瘤细胞的增殖，因此认为，蜂胶中抗肿瘤的活性成分也包括咖啡酸在内）。

❺ 蜂胶中含多种萜类化合物

① 双萜：具有抗菌和抑癌活性。

② 三萜：这就是人参有效成分的皂苷，具有多方面的生物活性。换句话说，蜂胶也有人参的一些主要作用。

❻ 蜂胶中含有70种以上的黄酮类化合物

黄酮类化合物具有生理和药理作用，能帮助人体防治多种疾病，使机体各种功能正常化、增强化。蜂胶中的黄酮类化合物，其品种之多、含量之高超过了一般的植物药。对治疗冠心病有效的许多中草药都含有黄酮类化合物，而且具有活血化瘀作用的中药，也多半含有黄酮类化合物。在此介绍蜂胶中两种很有特色的黄酮类化合物。

---

* 科学研究显示，硒、锰是人体必需的微量元素，锰元素是参与人体生命代谢多种关健因子酶的辅基，硒具有增强免疫力和抗氧化功能，被国内外医药界和营养学界称为“长寿元素”。

①槲皮素：有扩张冠状血管、降低血脂、降血压、抗血小板聚集*等作用，具有止咳、祛炎、镇痛、抗病毒等功效。不仅对多种致癌物有抑制作用，而且还能抑制多种癌细胞的生长，比如已有试验表明，槲皮素对卵巢癌细胞、结肠癌细胞、骨髓癌细胞、白血病细胞、乳腺癌细胞、淋巴瘤细胞的生长，都有抑制作用。
②芦丁（芸香苷）：可软化毛细血管、增强毛细血管的通透性，还能降低胆固醇，对防治高血压、高脂血症等心脑血管病很有帮助。

4.3 蜂胶的理化性质

蜂胶为不透明的固体，表面光滑或粗糙，断面结构紧密，切面与大理石外形相似。蜂胶呈黑褐色、褐色、棕色。蜂胶具有独特芳香气味，品尝时微苦，有辛辣、麻木的感觉。蜂胶约30℃以上随温度升高逐渐变软，且有黏性。

4.4 蜂胶的保健作用

（1）《中华人民共和国药典》（2020版）中明确了蜂胶的功能与主治有：补虚弱、化浊脂、止消渴（我国传统医学把糖尿病称为消渴）；外用解毒消肿，收敛生肌，可治皮肤皲裂、烧烫伤。

（2）据国家中医药管理局编著的《中华本草》（序号：8138蜂胶）认定蜂胶的八大药理作用如下。

①抗病原微生物的作用；

②镇静、麻醉及其他神经系统作用；

③促进组织修复作用；

④对心脑血管系统的保护作用；

⑤保肝作用；

⑥抗肿瘤作用；

* 血小板聚集会妨碍血液的流通，容易引起心脏病、脑卒中等心脑血管疾病。

⑦ 有较强的自由基清除作用；

⑧ 其他作用，如能促进胃肠平滑肌蠕动，抗疲劳数值有较大提高，无毒副作用。

（3）经国家卫生健康委员会和国家食品药品监督管理总局验证批准的蜂胶类保健食品，确认的保健功能有：免疫调节（增强免疫力）、维持血糖健康水平、维持血脂（胆固醇/甘油三酯）健康水平、抗氧化、改善睡眠、清咽润喉、改善胃肠道功能（润肠通便）、提高缺氧耐受力、缓解体力疲劳、对化学性肝损伤有辅助保护作用、对胃黏膜有辅助保护功能，对电离辐射危害有辅助保护功能等。

根据国内外多位学者对蜂胶的研究及蜂胶市场反馈情况，总结出蜂胶的保健作用如下。

① 血管清道夫，预防心脑血管疾病：蜂胶中含有大量的黄酮类化合物、不饱和脂肪酸、萜烯类化合物，具有极强的抗氧化作用，能够控制胆固醇的合成，抑制脂质吸收并促进脂质排泄，从而软化血管，降低血管脆性及增强血管的通透性，改善微循环，延缓血管硬化。常食蜂胶能够净化血液，减少自由基对人体的损伤，减少过氧化脂质形成，清除体内毒素，因此，蜂胶被誉为“血管的清道夫”。

② 天然广谱抗菌：蜂胶中含有黄酮类、萜烯类物质，对多种细菌、真菌、病毒等微生物具有很强的抑制和杀灭作用以及惊人的消炎效果；可外用或内服辅助治疗口腔、皮肤和一些内脏的疾患。

1967年，美国的林登佛尔塞（Lindenfelser）的研究证明，蜂胶对25种细菌有抑制作用。

1996年，中国的王银龙等通过试验证明，蜂胶对于牙周疾病的致病菌有明显的抑制作用。蜂胶还对复发性口腔溃疡、牙周炎等口腔疾病具有辅助治疗作用[7]。

蜂胶不仅能单独使用，对致病细菌、病毒、原虫等有抑制或杀灭作用，而且还能和某些抗生素如青霉素（Penicilin）等合用，提高这些抗生素的抗菌力量及延长其抗菌活性。

有一点要特别注意的是，蜂胶具有很强的抗病原微生物的作用，但它不是我们通常所说的抗生素，所以食用蜂胶与食用许多具有抗菌作用的日常食物一样，既不会产生抗药性*，也不会产生依赖性。

③ 糖尿病患者的福音：蜂胶中含有丰富的B族维生素，可以提高胰岛素的敏感性；其所含的多种活性酶和抗病毒成分，能活化细胞，促进组织再生，修复病损的胰

---

* 抗药性又称耐药性，是指病原体及肿瘤细胞等对化学治疗药物敏感性降低。

岛细胞组织。蜂胶中的黄酮类、萜烯类物质，具有双向调节血糖的作用。

④ 癌症患者的希望：蜂胶中含有丰富的抗癌物质。癌细胞体外培养和动物试验发现，蜂胶对癌细胞生长有明显抑制作用。研究证实，肿瘤的发生发展原因很多，其中体内过剩的自由基与癌症密切相关，自由基扩展的连锁反应，促进了肿瘤细胞的快速分裂增生。由于蜂胶中含有丰富的抗肿瘤物质，能有效清除体内各种自由基，阻碍它们对正常细胞的侵袭。蜂胶中抑制肿瘤细胞生长活性最强的有咖啡酸苯乙酯、肥皂草素、儿茶素、阿替匹林等。还有研究证明，癌症患者在服用蜂胶后，可缩小癌细胞且能减轻化疗、放疗引起的副作用。

⑤ 营养滋润肌肤，解决肌肤困扰：蜂胶内服可调节器官功能，修复器官组织的病变损伤，创造体健颜美色润的内在条件；蜂胶外用可营养滋润肌肤，还具有显著的杀菌、消炎、止痒、防冻、防裂、抗感染等作用。

蜂胶皂正是应用蜂胶的这一功效特征，不但能防止真菌感染，还能够分解色素、平复皱纹、延缓衰老，加快组织细胞的再生和伤口的愈合，对痘痘遗留下的痘疤、痘印也有很好的效果。

⑥ 有效缓解醉酒，保护肝脏：将蜂胶加入酒中混合饮用，可缓解醉酒，减轻肝脏负担。蜂胶中的黄酮类等物质能缓解酒精副作用，降低肝中毒概率；萜烯类物质有降低转氨酶作用，对四氯化碳引起的急性肝损伤有明显的保护作用，促进肝细胞再生，防止肝硬化。

4.5 蜂胶应用注意事项

❶ 蜂胶不能包治百病

蜂胶是珍贵稀有的天然产物，对人体的保健作用是多方面的、显著的。由于蜂胶早期宣传多冠以“神秘的”“惊异的”，于是有人称其为“现代万能药”“包治百病”等。

从科学角度讲，蜂胶应用范围广泛，在调节机体生理功能、增进健康和某些疾病的预防及辅助治疗方面具有功效，但是也有其局限性。蜂胶作为保健食品，不可代替药品。但如果要完全用蜂胶治病，就要在医生指导下，选择经过国家药监部门批准的有“国药准字”批准文号蜂胶药品，并按说明书服用。而由国家市场监督管理总局批准的蜂胶保健食品，批准文号为“国食健注”，其安全性与功能作用均经过严格的检验后，方可获准上市销售，可以放心选购。按说明书规定剂量食用，可确保安全有效。

❷ 原料蜂胶不可直接食用

蜂胶虽然是一种珍贵的天然物质，但蜂胶并不能随便食用。有些消费者购买蜂胶就直接食用，或加入酒中随意泡一泡后食用，这些都是非常危险的做法，因为蜂胶原料中含有大量的不能食用的物质，尤其是重金属，必须将它们去除后才能食用。

蜂胶本身并无毒，但在蜂胶原料的生产过程中有很多污染源，重金属含量较高，如重金属铅能抑制人体血红蛋白合成中的酶体系和脑中葡萄糖代谢，导致脑组织缺氧产生损伤；铅能取代人体骨骼中的钙，引起许多慢性病；铅可经消化道、呼吸道和皮肤侵入人体，干扰血液的合成，损伤神经系统和脑组织。若人的血液中铅的浓度超过200～249微克每升为轻度铅中毒，会出现头晕、头痛、记忆力减退、食欲不振等症状。铅中毒还会造成死胎、流产、不育和婴儿早死。

我国在20世纪50年代就开始研究蜂胶，但一直未取得理想成果，其原因之一就是过去国内的蜂胶提取除铅等技术不过关。

根据我国法规，所有保健食品必须通过国家市场监督管理总局审核确认、检验、鉴定，并获得国家市场监督管理总局颁发的有“国食健注G××××号”字样的保健食品批准证书，方可上市销售。

目前，市场上蜂胶保健食品鱼龙混杂，良莠不齐，一些没经过国家市场监督管理总局审查确认、检验、鉴定的产品以地方卫生许可证号或普通食品批准号鱼目混珠，使不少消费者误将质量不合格产品或根本不具有保健功能的普通食品当作合格的保健食品购买。

❸ 婴儿和孕妇不宜

蜂胶具有很高的活性价值，不仅能增强免疫功能，抑菌、抗病毒，抗氧化与保护心脑血管，预防肿瘤，还能有效抗疲劳、抗过敏、抗炎、降血压、调节血脂、改善代谢。但是孕妇慎用，孕妇食用蜂胶产品后，某些生物活性物质会刺激子宫，引起宫缩，干扰胎儿生长发育。婴儿也需慎用蜂胶，蜂胶的功效成分有可能影响婴儿免疫系统正常发育，如需服用，确保用量小。婴幼儿皮肤细嫩，以蜂胶外用治疗皮肤病时，也应将其稀释后再用。

❹ 过敏体质者慎用

极少数人（过敏体质者）对蜂胶可能有过敏反应，症状各不相同，从皮肤轻度充血到明显的湿疹样皮疹、黏膜水肿、头痛、恶心、低烧等。如发生过敏，应停用蜂胶。以后，再用蜂胶产品时，应经过“减敏过程”，即从极少量开始，缓慢增加至常用量。

❺ 食用蜂胶最好无间断

蜂胶产品可补充日常饮食中黄酮摄入不足，参与人体代谢过程，但不能长期储存于体内。有些人秋冬季节以蜂胶进补，而春夏季停止食用。实际上，春夏季气温高，活动量大，代谢旺盛，更应及时补充饮食中摄入不足的黄酮。另外，蜂胶性平无毒，可放心食用。

❻ 病愈后仍可继续服用蜂胶

一般来讲，在用中药、西药治疗疾病时应停止服用蜂胶，以免产生抗药性或毒副作用，特别是化学合成药品。治愈后可继续服用。

蜂胶属保健食品，非药品，没有什么毒副作用。因此，基于维持健康的需要，治愈后仍可继续服用，健康人群服用蜂胶后也会逐步增强机体免疫能力、排除体内毒素、清除自由基伤害、软化血管、改善血液循环、延缓衰老进程、使身体更加健康。因而在日本等国家经常在牛奶、咖啡中添加蜂胶，作为净化血液、祛病强身之用。

❼ 蜂胶制品的正确保存

蜂胶中挥发油组分占5%~7%，具有很强的抗微生物活性，所以蜂胶制品应用无毒塑料或玻璃瓶包装，防止蜂胶中挥发油组分的挥发。因为萜烯类物质在阳光照射下容易变色，包装好的蜂胶应放置在通风良好、20℃以下的避光处保存。由于蜂胶具有很强的防腐、抗氧化性能，在阴暗处可长期存放，但制造商标明的保质期一般为2~3年。

4.6 常见蜂胶产品介绍

相对于蜂蜜、蜂王浆等蜂产品的大众认知度，蜂胶产品要滞后很多。从20世纪90年代，国内市场陆续出现蜂胶产品。在这之前，比如（江苏省）江都蜂乳厂等一些厂家生产的蜂胶粉、蜂胶片主要用于外贸出口。当时国内以蜂胶为主要原料的产品销售微乎其微，市场占有率非常低，主要原因有三个方面：一是蜂胶功效作用不被人们所知晓，科研投入还未跟上，尚未推广大范围动物和人体试验；二是蜂胶原料的提纯技术不成熟，无法解决重金属超标和农药残留问题；三是国内大多数人处于刚解决温饱和刚达到小康生活水准，消费水平较低和保健意识较薄弱。

随着1996年3月15日卫生部发布制定《保健食品管理办法》后，国内很多厂家开始报批“卫食健字”蜂胶类保健食品。通过审批的厂家，为使生产符合保健食品规范，一方面积极投入建GMP（十万级净化车间）和添置设备，另一方面和大专院校、科研院所联合开发新产品。进入2000年以后，各种以蜂胶为主要原料的产品快速走向国内市场，被消费者真正熟知。

受单个保健食品最多只能申报1～2项保健功能的限制，同样的蜂胶原料（或者同样的配方）产品，不同的厂家申报不同的功能。受审批时间和资金投入的影响，很多厂家为了尽快通过审批，大多选择申报免疫调节（增强免疫力）功能。其实，蜂胶的功能并非局限于某个品牌产品所申报的，只要是以蜂胶为主要原料的产品都具有一定辅助功效。

4.6.1 常见蜂胶内服产品

国内蜂胶产品从最初的粉剂、片剂，到酊（滴）剂、喷剂以及硬胶囊、软胶囊和其他复合剂型固体产品，从研发、生产和销售所走过的三十多年，也是科技不断发展的三十多年。蜂胶类产品开发的剂型不断满足消费者需求，使产品服用更方便和更有效，科技含量也在不断提升。下面介绍一些常见的蜂胶内服产品。

❶ 蜂胶片剂

蜂胶片剂是早期开发的一种蜂胶产品。片剂的优点是生产效率高，便于储运；利用包衣技术可遮盖不良气味，避免对胃肠道的刺激；减少光线、空气、水分、灰尘等因素的影响；携带便利，服用方便。

蜂胶片剂的加工工艺流程：赋形剂→蜂胶乙醇提取物→混合→造粒→干燥→整粒→添加润滑剂→混匀→压片→包衣→成品→分装→贴标→成品→入库。操作工艺要点：① 选择赋形剂，赋形剂的选择是最关键的技术环节，由于蜂胶不溶于水，在选择赋形剂时应考虑制成片剂容易崩解，常用的赋形剂有淀粉、磷酸氢钙等。② 造粒：将蜂胶粉置于不锈钢混合机中，加入淀粉、磷酸氢钙等辅料，加水充分混合制成湿坯。将湿坯置入造粒机过16目筛网，再将剩余淀粉拌入湿粒。③ 干燥：将制好的湿粒置于干燥箱中，在60℃条件下干燥，直至水分降至4%～5%。④ 整粒：整粒在制粒机中进行，筛网目数为16目。⑤ 压片：加入润滑剂充分混合后置压片机中压片。⑥ 包衣：蜂胶片剂外观呈黄褐色，感官较差，蜂胶中的活性成分与外界空气、水分、光线等接触，常引起氧化、潮解、变色或气味不佳。因此，需对其进行包衣。包衣可选择包糖衣或包薄膜衣，包衣需要多种辅料。

❷ 蜂胶硬胶囊

蜂胶硬胶囊是指将蜂胶提取物制成粉体或颗粒，并装入硬胶囊壳中的一种蜂胶产品，具有服用方便、无刺激性气味等优点。

蜂胶硬胶囊加工工艺流程：蜂胶乙醇提取物→粗粉→按配方加入其他辅料→研磨→混合→胶囊填充→分装→成品→检验→贴标→入库。操作工艺要点：① 将蜂胶乙醇提取物冷冻24小时，然后进行粗粉，粉碎细度在1～3毫米为宜；② 按审定配方加入其他辅料；③ 将原料加入研磨设备进行充分粉碎，研磨后粒径应大于150目；④ 加入混合机进行混合30～60分钟，保证所有物料混合均匀；⑤ 采用自动硬胶囊机进行胶囊填充；⑥ 填充完成并检验合格后，可以进行装瓶或泡罩包装，然后贴标、喷码、入库。

蜂胶片剂

蜂胶硬胶囊

❸ 蜂胶软胶囊

软胶囊又称软胶丸剂，它的形状有圆形、椭圆形、鱼形、管形等。软胶囊常选用优质药用明胶、甘油和其他适宜的药用材料制成，是药物、保健食品、化妆品等可采用的包装形式之一，具有避光、防氧化、稳定性强、份剂量准确、生物利用度高、外形美观、携带方便等特点，深受消费者青睐。

目前，市场上蜂胶软胶囊有两种溶剂：一种是以蜂胶提纯膏为原料，用化学乳化剂（如聚乙二醇400）加热熔化配制，由于加热熔化可能会促进转化反应，产生分解产物或类黑色聚合物，用此方法生产的蜂胶软胶囊，其颜色多为黑褐色；另一种是采用对明胶无溶解作用的非水溶性的油类或混悬液等封闭于胶囊壳中，用滴制法或压制法制备而成。

聚乙二醇400本身没有任何营养，属于无益也无害，在蜂胶软胶囊产品中仅作为化学乳化剂存在。溶解于聚乙二醇400中的蜂胶成黑色黏稠液体状，类似于比较稀的膏体，可以在水中稀释，因此，也有不少人在营销宣传时提到“水溶性”蜂胶能够更快、更好吸收，其实没有科学依据和道理。

食用植物油是蜂胶软胶囊理想的溶剂原料，要先把蜂胶粉碎成粉碎度在100目以上的细粉末，然后再用大豆油、玉米油等食用植物油作为蜂胶的溶剂，充分混悬。此

蜂胶软胶囊（油溶蜂胶）

软胶囊生产技术难度高，产品质量好，其产品颜色是与优等蜂胶颜色一致的棕黄色。

随着人们对健康的不断追求，一些厂家积极探索，与科研院所合作，摒弃了早期所采用的聚乙二醇400化学乳化剂，将混悬溶剂从普通的食用植物油升级为不饱和脂肪酸含量高的山茶油、葵花籽油、玉米胚芽油等。近年来，更有一些厂家采用橄榄油、紫苏籽油、灵芝孢子油等具有保健功效的高端植物油作为混悬溶剂，本着强强结合的原则，起到了事半功倍的效果。

4 蜂胶酊剂

蜂胶酊剂也称蜂胶液、蜂胶滴剂，是目前国内外主要蜂胶产品之一。蜂胶液既可食用，也可外用，具有多种功效，市场主要分为乙醇蜂胶液和无醇蜂胶液两类。

乙醇蜂胶液是以高品质的蜂胶液用乙醇和水为萃取溶剂，经过渗透、溶解、扩散和分配过程，溶剂渗透溶质（蜂胶），溶解可溶性成分并向外扩散，在溶剂中分配，达到动态平衡。其工艺流程为：提纯蜂胶→冷冻→粉碎→按比例加入食用酒精→溶解→过滤→分装→贴标→成品。

无醇蜂胶液是专门为对乙醇有过敏反应的少数消费者或者肝病患者而设计的产品，该产品技术含量较高，市场前景较好。无醇蜂胶液的生产工艺流程为：提纯蜂胶→熔化→加入乳化剂→超声波乳化→配料→混合→分装→贴标→检验→入库。常用的乳化剂有聚乙二醇400、单硬脂酸甘油酯等。

蜂胶液

一般来说，乙醇蜂胶液中蜂胶的成分溶解得比较完全，使用75%的酒精溶出效果较为理想，但是部分人群难以接受酒精的刺激或对酒精过敏；无醇蜂胶液与乙醇蜂胶液相比，由于乳化剂的作用，使其容易与水相溶，因此具有无刺激、口感较好的特点，滴在水里不沾壁，便于服用。

乙醇蜂胶液虽然服用时有些不便，但当皮肤破伤，外用乙醇蜂胶液要比无醇蜂胶液效果好，因为酒精有抑菌作用。

5 蜂胶酒

配制流程：取原料蜂胶100克粉碎后（气温高于15℃时需要置于冰箱冷冻后方能粉碎），投入500毫升高度白酒中（或食用酒精）浸泡72小时，中途间隔时间搅拌2～3次后沉淀一天，取上清液，再重复一次，取两次上清液合并，过滤，加入5～10倍白酒（2500～5000毫升）中待饮。

使用方法：每天早晚饮用10～20毫升蜂胶酒，可与蜂蜜、温开水合用；外用时先清洗损伤处，晾干后，直接把蜂胶酒滴上，再用纱布包裹。

4.6.2 蜂胶内服产品的选购

蜂胶是风靡世界的新兴保健食品。现在市面上的蜂胶产品鱼龙混杂，我国蜂胶原料的年产量约350吨，而目前全国蜂胶的成品量却早已超过1000吨，可见其中假冒伪劣产品不在少数。

由于蜂胶原料不能直接食用，消费者购买的蜂胶一般都是经过加工后的蜂胶产品。蜂胶产品质量的差异可能来自多方面，如原料、加工技术、设备、工艺、配方以及加工环境等，这些因素都可能对产品的质量带来影响。可以说，消费者难以通过感官辨别蜂胶的真假、优劣。

中国蜂产品协会给消费者以下选购提示。

（1）选购蜂胶产品应选择有保健食品批准文号（即小蓝帽标识）或药品批准文号的产品，表明此产品已由企业通过申报批准，经过卫生部门做过的毒理试验、功能性试验，证明是安全有效的。企业按照批准的相关条件合法生产出来的产品有保证。

（2）不要购买价格明显比同类产品低出很多的产品。

（3）关注国家市场监督管理总局等有关执法部门公布的抽检情况。尽量选择可信度较高的企业及品牌的产品。

（4）请消费者增强自我保护意识，不要购买和食用不符合法律法规规定的蜂胶产品。

消费者选购蜂胶产品时可以通过产品外包装的产品信息、感官鉴别等方法来选购优质产品。

❶ 认真查看产品批准文号，再看有无保健食品标记（小蓝帽）

2002年《卫生部关于进一步规范保健食品原料管理的通知》（卫法监发〔2002〕51号）将蜂胶列入可用于保健食品的物品名单，也就是说蜂胶不属于既是食品又是药品品种。蜂胶类产品必须经过申报、获得保健食品批准证书后才能取得合法生产销售资格。蜂胶保健食品的批准文号，原为“卫食健字”号，现为“国食健字”号和“国食健注G”号；进口的蜂胶产品，现批准文号为“国食进字”号。无保健食品批准文号的蜂胶产品是不合法产品，其安全性和功效性没有保证。

保健食品

保健食品标志

❷ 注意产品包装功效成分标签

蜂胶的功效成分并非单一的总黄酮，总黄酮含量也不是越高越好，各个厂家产品配方不相同，产品的企业标准也有很大差异，判断蜂胶产品总黄酮含量是否合格，应依据各产品的企业标准和检测报告来判定。特别是初次选购蜂胶时，一定要索要与产品对应的检测报告，没有报告的产品不建议消费者购买。注意产品包装上的原辅料栏，仔细查看是否使用了化学乳化剂，目前优质的蜂胶产品多以食用酒精或优质植物油作为乳化剂。用常用食材作乳化剂溶解蜂胶，技术含量高、工艺条件要求严格、产品质量好、安全有保障、功效有保证。

❸ 注意生产企业资质

选择信誉高、专业生产蜂胶（拥有高科技提取技术）的品牌企业，其产品质量稳定可靠，售后服务有保障。正规厂家出售的产品，外包装上都严格按照国家的规定标注产品名称、净含量、配料、用法及用量、保存方法、保质期、产品标准、批准文号、生产日期、条形码、地址、电话等信息。消费者要留意生产企业的厂址、电话、传真、网址等相关信息，以便查询。同时在购买产品时还要仔细查看产品的生产日期和保质期，避免购买到过期产品。

❹ 市售蜂胶产品主要分为液体和固体两类产品形态

蜂胶产品剂型不同，产品的加工工艺、感官性状、配方等也有很大区别，消费者在选购时应根据自己的习惯爱好，选择适合自己的剂型。

❺ 要警惕“低价蜂胶”陷阱

蜂胶有“紫色金子”“软黄金”之称（目前市场上优质提纯蜂胶单价近2000元/千克），因此优质蜂胶产品的价格不可能太低，低价蜂胶产品的原料真实性很难保障。

4.6.3 蜂胶内服产品的储存

为了更好地发挥蜂胶产品的保健功能，消费者应了解蜂胶产品适宜的保存环境、温度、保质期等。

❶ 保存环境

蜂胶产品应放在阴凉干燥、避光处保存。蜂胶液是最常见的蜂胶产品，由于其中的蜂胶油容易挥发掉，故应在密封条件下保存。同时，紫外线是蜂胶的大敌，蜂胶产品还应放在避光处，不要让日光直接照射，因为萜烯类物质在阳光照射下容易变色，降低其产品效能。

❷ 保存温度

蜂胶与蜂王浆有显著的区别，蜂王浆中含有许多活性成分，温度对其影响很大，而蜂胶的有效成分比较稳定，含量也很高。无论蜂胶片剂、蜂胶软胶囊还是蜂胶液，一般放在阴凉干燥处保存即可，把蜂胶产品放在低温（冷藏）下保存也无妨。

但是，蜂胶软胶囊不能在“两个极端”温度下保存，一是不能冷冻保存，否则胶皮会被冻裂，造成内部有效成分外漏，使产品无法食用；二是不能在超过30℃（特别是达到35℃以上）环境下存放，因为高温会导致胶皮软化，达到一定时间时软胶囊就会粘连在一起。假如发生这种情况，可以把瓶子里面粘连在一起的蜂胶软胶囊放置冰箱保鲜柜几个小时，拿出来敲打几下，粘连在一起的蜂胶软胶囊就会分开。

实验证明，蜂胶中的一些黄酮类物质具有较好的热稳定性，将蜂胶液加入100℃的开水中，其抗菌效果变化不明显。当然，蜂胶中也有一些酶类、维生素等营养物质，在高温下会遭到破坏。蜂胶中的挥发油有随水蒸气蒸发的特点，如果把蜂胶加入正在沸腾的开水中，时间一长，蜂胶油就会损失。因此，服用蜂胶，水温在50℃以下为宜。

❸ 保质期

所有食用的产品，包括药品、保健品、食品的保质期或有效期，国家都有严格的规定。一般蜂胶产品保质期多为2年左右。这个期限并不代表产品的实际有效使用期限，只是在这个期限内，其质量、功效几乎不变。超过这个期限，产品的质量、作用就有可能下降，但并不意味着完全失效。

蜂胶的成分相对比较稳定，具有很强的防腐、抗氧化性，在密封、阴暗处可以长期存放。密闭的蜂胶液，只要保存条件合适，即使2年后，它的效能也无多大下降。

4.6.4 常见蜂胶外用产品

❶ 蜂胶喷剂

将蜂胶配制成一定浓度的溶液，分装在能使液体形成气雾状喷出物的容器中而得。蜂胶喷剂配方主要包括提纯蜂胶、甘油、乙醇以及香精等。

作为一种外用的消炎喷剂，具有较好的消毒、杀菌和去除口臭效果，可用于皮肤疾病以及口腔各种黏膜和齿龈疾病、口腔和咽部真菌损害以及促进拔牙后创面愈合。

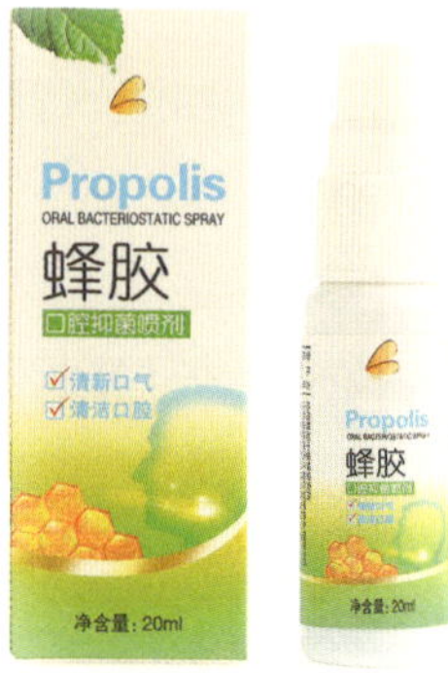

蜂胶口腔喷剂

❷ 蜂胶抑菌凝胶（护理润肤）

蜂胶抑菌凝胶主要成分是三氯生（0.20%~0.30%质量分数）和库拉索芦荟提取物（Aloe barbadensis Mill）、蜂胶提取物（Propolis Extract）、维生素E、小白菊提取物（Feverfew P.E）、矢车菊提取物（Cornflower Extract）、法国腊菊提取物（Helichrysum Stoechas）、卡波姆、薄荷醇、纯化水。本品能有效抑制金黄色葡萄球菌、大肠杆菌生长，具有抗菌、消炎、止痛、促进伤口愈合等作用。

❸ 蜂胶养颜膏

蜂胶养颜膏是将含量2%的蜂胶液3毫升，与6克蜂王浆、3克蜂蜜混合均匀。温水洗面后，取养颜膏2克，均匀涂于脸部，按摩片刻，每日2次。养颜膏对保持面部红润光泽、有弹性，减少皱纹，减少痤疮和黄褐斑有效。

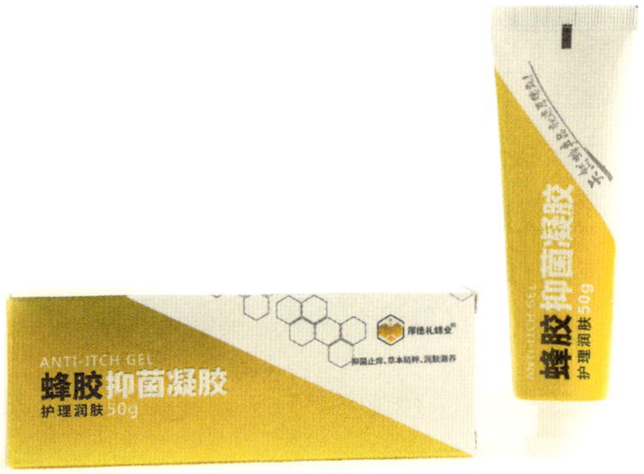

蜂胶抑菌凝胶

蜂胶养颜膏

❹ 蜂胶护肤霜

蜂胶护肤霜具有促进腺组织再生、坏死皮剥落、表皮更新、使皮肤柔润的功效。

❺ 蜂胶洗发水

蜂胶洗发水有减少落发，促进头发生长，并有促进白发逐渐转黑的作用。

❻ 蜂胶护发素

蜂胶护发素有深层滋养、补水保湿，改善头发质地，减少头发受损，使头发柔顺、光滑，提高发丝弹性等益处。

❼ 蜂胶沐浴液

蜂胶沐浴液对皮肤瘙痒有一定的止痒作用，用后皮肤爽滑、滋润，可有效去除腋下及阴部的异味，并对冻伤部位有促进血液循环、恢复健康的作用。

❽ 蜂胶牙膏

蜂胶具有广谱抗菌作用及一定的镇痛效果，将其作为牙膏的原料，有利于预防和辅助治疗口腔和牙科疾患，以及口腔和牙齿的保健。长期使用蜂胶牙膏可以改善口腔溃疡、牙周炎、牙出血等口腔疾病，并可以预防龋齿、口臭，达到洁齿、保健的目的。

❾ 蜂胶香皂

国内外很多厂家都在生产蜂胶香皂，一般在蜂胶香皂原料中加入1%～2%的蜂胶乙醇提取液（含蜂胶2%）。该产品有清洁、营养皮肤、杀灭病菌和防止皮炎等作用，并对肌肉痉挛等症有益。

❿ 蜂胶洗面奶

蜂胶洗面奶除具有洁面柔和，洗后皮肤白嫩、爽滑的特点外，对痤疮也有极好的改善效果，一般使用5～7天就可见效。

蜂胶护肤霜

蜂胶洗发水

蜂胶护发素

蜂胶沐浴液

蜂胶牙膏

蜂胶香皂

蜂胶洗面奶

古埃及木乃伊　千年不腐之谜

古埃及人在与蜜蜂打交道的过程中，无意中看到了蜜蜂王国中的“木乃伊”。当入侵者跑到蜂箱中，蜜蜂将其杀死后无法搬运出去，就用蜂胶把入侵者庞大的尸体包裹起来，形成一个“木乃伊”，这样尸体就不会腐烂而影响蜂箱中的环境。于是古埃及人产生无限的联想，将蜜蜂制作木乃伊的方法用于制作人类的木乃伊。

历经几千年的岁月流逝，木乃伊还能保存完好

5 蜂蜡

5.1 蜂蜡的来源

蜂蜡是约2周龄工蜂蜡腺分泌出来的脂肪性物质。工蜂腹部有四对蜡腺，1千克蜂蜡中约有400万片蜡鳞，一个工蜂房大概需要50片蜡鳞。

5.2 蜂蜡的性状

蜂蜡在常温下为固态，呈不规则团块，大小不一。蜂蜡的颜色随着蜂种、加工技术、蜜源及巢脾的新旧而不同。蜂蜡有黄色、淡黄色、黄白色，不透明或微透明，表面光滑，体轻，蜡质，断面沙粒状，用手搓捏能软化，有蜂蜜样香气，味微甘。

5.3 蜂蜡的成分

蜂蜡是一种复杂的有机化合物，主要成分是酸类、游离脂肪酸、游离脂肪醇、碳水化合物，还有类胡萝卜素、微量元素和芳香物质等。

5.4 蜂蜡的功能

❶ 蜂蜡用于制药

蜂蜡在药剂制作中应用很普遍，可用来制作中药丸剂的外壳、胶布、栓剂以及各种软膏，如樟脑软膏、烫伤膏、氧化锌软膏、育红膏等。此外，蜂蜡还可用于病理模型、药品封盖和糖衣药片的打光剂。

② 蜂蜡用于医疗

我国很早就应用蜂蜡治病延年，《神农本草经》、张仲景的《金匮要略》、葛洪的《抱朴子》和《肘后备急方》、姚僧垣的《集验方》、孙思邈的《千金要方》、李时珍的《本草纲目》等历代名医医药典籍，对用蜂蜡以及与其他药物配合治疗多种疾病都有详尽的记载。蜂蜡多用于外科疾病的治疗，临床主要用于烧伤、烫伤、创伤、湿疹、皮炎、脓肿、破伤风、手足皲裂、疖肿、痈疽、疮毒等，对治疗闭塞性动脉内膜炎和红斑狼疮有良好的效果。此外，蜂蜡在内科疾病、妇产科疾病、五官科疾病等方面，也都有较广泛的应用，如治疗痢疾、咳嗽、心痛、妊娠胎动、眼疾等。

③ 蜂蜡用于蜡疗

1086年，世医唐慎微集成32卷《经史证类备急本草》，第20卷不仅收载葛洪、孙思邈用热蜂蜡外治疾病的方法，而且详述了唐代刘禹锡《传信方》中的蜂蜡疗法：取蜂蜡0.5千克熔化，涂于旧绢布上。如果是脚部疾患，趁热缠脚，注意脚心，并穿袜包裹，待蜡凉了再更换热的。还可治脚转筋、心躁惊悸及暴风通身冰冷如瘫痪者。晋唐时期蜂蜡疗法已逐步完善和盛行，比法国萨脱福于1909年倡导的石蜡疗法早一千多年。

蜂蜡疗法是用熔化的蜂蜡热敷于机体，通过局部润泽和压迫达到治疗的目的。石家庄大正中医蜂疗医院50年上万例临床应用证明，蜂蜡与中药配伍治疗风湿免疫病、关节肿痛，有很强的消肿镇痛作用，此疗法简便易行，适应病种多，治疗效果明显，可反复应用，是一种非常值得推广应用的物理疗法。

6 蜂毒

6.1 蜂毒的来源

蜂毒是蜜蜂等蜂类毒腺分泌的透明液体，室温下很快会干燥成白色或淡黄色晶体状。储存在毒囊中，蜇刺时由螫针排出。人工收集蜂毒，目前多采用电刺激蜜蜂取毒法，该法借助电取蜂毒器来完成，蜂毒产量极低，价格非常昂贵。

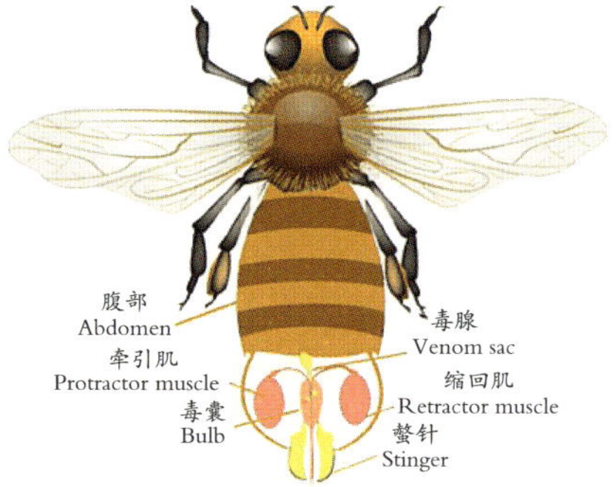

蜂针位置示意图

6.2 蜂毒的理化性质及组成成分

蜂毒是具有芳香气味的无色透明液体，相对密度为1.1313，pH为5.0～5.5。其成分较稳定，但在胃肠消化酶的作用下，很快地失去活性，这是因为蜂毒中很多生物活性成分为肽类物质，易被蛋白酶分解。

6.2.1 多肽类

❶ 蜂毒肽（Melittin）

肽类是蜂毒的主要生物活性物质，具有许多复杂的生物作用，蜂毒中有两种蜂毒肽，即蜂毒肽Ⅰ和蜂毒肽Ⅱ存在。蜂毒肽Ⅰ由26个氨基酸组成，相对分子质量为2840，其氨基酸排列顺序如下：

H—甘—异亮—甘—丙—缬—亮—赖—缬—亮—苏—苏—甘—亮—脯—丙—亮—异亮—丝—色—异亮—赖—精—赖—精—谷胺—谷胺—NH_2

蜂毒肽Ⅱ由27个氨基酸组成，其分子结构与蜂毒肽Ⅰ仅有微小差异，区别主要在于两者21位之后的氨基酸组成稍有不同，蜂毒肽Ⅱ的21～27位氨基酸排列顺序如下：

…—丝—精—赖—赖—精—谷胺—谷胺—NH_2

蜂毒肽具有种的特异性，不同种蜜蜂的蜂毒肽分子结构不同，见下表。

各种蜜蜂蜂毒肽分子结构

蜜蜂种类	氨基酸位置					
	5	10	15	22	25	26
西方蜜蜂（Apis Mellifera）	缬	苏	丙	精	谷氨酰胺	谷氨酰胺
中华蜜蜂（Apis Cerana）	缬	苏	丙	精	谷氨酰胺	谷氨酰胺
排蜂（Apis Dorsata）	异亮	色	甘	精	谷氨酰胺	谷氨酸
山蜜蜂（Apis Florea）	异亮	甘	苏	门酰胺	赖	谷氨酰胺

❷ 原蜂毒肽(Promelittin)

原蜂毒肽是从蜜蜂的毒腺中分泌的蜂毒肽前体物质，其生物活性不如蜂毒肽强，原蜂毒肽的分子比蜂毒肽分子多8个氨基酸，其结构如下：

谷—脯—谷—脯—天冬—脯—谷—甘—蜂毒肽（1-26）

❸ 阿帕敏（Apamin）

阿帕敏是蜂毒中另一种主要的多肽，该多肽为神经毒素，蜂毒所引起的各种神经症状，主要是该多肽的作用，其分子由18个氨基酸构成，相对分子质量为2035。

❹ MCD—多肽（或称401—多肽）

MCD是Mast cell degranulation（肥大细胞脱颗粒）的缩写，它是蜂毒中第三个主要的多肽物质，该多肽能使动物肥大细胞脱颗粒，释放组胺，相对分子质量为2593，由22个氨基酸组成，分子内亦具有二硫键。

❹ 其他多肽类化合物

在蜂毒中尚有另外一些多肽类化合物，如赛卡品（Secapin）、托肽品（Tertiapin）、卡狄派品（Cadiopep）及蜂毒肽F。这几种多肽在蜂毒中的含量非常低。据测定，在蜂毒中各种多肽类化合物占干蜂毒质量分数如下：蜂毒肽为45%、阿帕敏3%、MCD—多肽为2%～3%、赛卡品1%、托肽品<1%、蜂毒肽F<1%。后三种微量游离多肽均为强碱性多肽类化合物，在电泳分析时均集中于阴极。

另外，1971年，人们从蜂毒中还发现了称为咪尼敏（Minimine）的微量多肽，其相对分子质量6000，由51个氨基酸组成。

1974年人们还从蜂毒中发现一种称为普鲁卡因胺（Procainamide）的微量多肽，可能具有两种分子结构，但在这两种分子结构的C端上均带有组胺，这是人类第一次从自然界获得含有组胺的多肽，其结构如下：

丙—甘—脯—谷胺—组胺

丙—甘—谷胺—甘—组胺

6.2.2 酶类

蜂毒中含有多种酶类物质。

（1）透明质酸酶（Hyaluronidase） 分子结构尚未弄清，只是已知其相对分子质量为42000～44000，N端氨基酸为精氨酸，分子中含18个酪氨酸及少量的丙氨酸和苏氨酸，分子内无游离的—SH。刚羽化的工蜂，在其毒腺中就有透明质酸酶出现。于羽化后第二天，其活力达到最高峰。此后，该酶的活力在工蜂的整个生命过程之中一直保持。透明质酸酶具有很强的生物活性，参与蜂毒对组织的局部作用。

（2）磷脂酶A2　蜂毒的磷脂酶A2能迅速水解磷脂酰、磷脂，具有许多药理作用，值得注意的是它有很强的溶血作用。蜂毒中磷脂酶A2的化学结构已被确定，其分子由128个氨基酸组成，相对分子质量为14629。

（3）其他酶类　除上述两种主要的酶类之外，蜂毒中尚有酸性磷酸酶、碱性磷酸酯酶、氨基己糖酶及乙酰胆碱酯酶等。

（4）酶抑制剂　在蜂毒中存在蛋白酶抑制剂，其化学本质为低分子量多肽，这种酶抑制剂耐热，不被胃蛋白酶水解。该抑制剂存在于蜂毒中的生物学意义，在于当蜜蜂蜇刺人或者动物时，蜂毒与受蜇对象的蛋白分解酶相遇，此时蜂毒中的蛋白酶抑制剂就可以保护透明质酸酶、磷脂酶A2等各种多肽毒素免于被蛋白酶水解。

6.2.3 非肽类物质

蜂毒中还存在多种非肽类物质，如组胺、游离氨基酸、碳水化合物、脂类及其他各种生物胺类化合物，虽然蜂毒的主要毒理作用由多肽类物质引起，但其中的生物胺物质可能与蜂蜇引起疼痛有关。

（1）组胺　远在1936年人们就已经发现蜂毒中含组胺，其含量达1.5%。但是，刚羽化的小工蜂毒腺内并没有组胺，工蜂羽化后3～4周，其毒液中组胺含量最高，而后含量逐渐降低。

（2）氨基酸　蜂毒中含有多种游离氨基酸，如甘氨酸、精氨酸、胱氨酸、谷氨酸、组氨酸和脯氨酸等。此外，还有少量的γ—氨基丁酸（0.04%）及β—氨基异丁酸（0.002%）。

（3）碳水化合物　蜂毒中含有葡萄糖和果糖，总含糖量大约占蜂毒干重的2%。

（4）脂类　蜂毒中含有5～6种磷脂类化合物，干蜂毒中总脂类含量为5%。

（5）其他　蜂毒中还有多巴胺（Dopamine）和去甲肾上腺素。两者在一只工蜂的毒腺中含量分别为775微克和115微克。另外，蜂毒中还含有极微量的5-羟色胺和乙酰胆碱。

尽管蜜蜂一次排毒量非常少（约含干蜂毒0.085毫克），但因其中含有多种具有很强生物活性的物质（如多肽类化合物），因此，机体被蜂蜇后，在受蜇部位出现明显的红、肿、热、痛等炎症反应。

6.3 蜂毒的药理及毒理作用

6.3.1 局部作用

受过蜂蜇的人都知道蜂蜇后在受蜇部位立即出现肿胀、充血、皮肤温度升高2～6℃、有烧灼感等症状，一般无其他剧烈反应。试验证明，用蜜蜂蜇刺小鼠20分钟后，动物皮下组织有明显的肿胀和充血。24小时后，受蜇部位肌肉纤维变性和皮肤坏死。关于产生上述局部反应的机制，目前尚未完全阐明。一般认为是蜂毒中透明质酸酶使组胺扩散的结果。

6.3.2 全身作用

蜂毒除在局部产生上述作用外，在吸收后还能引起下列复杂的药理作用。

❶ 毒性

菲沙林克斯（M.Phisalix）最先观察了蜂蜇对刺猬的毒性，发现用20只和52只蜂蜇刺体重为750～1000克的刺猬均未引起明显的中毒症状。此后又观察了蜂毒对蜥蜴、蛇类、海龟的毒性作用，发现对爬行类动物的最小致死量为10～100只蜂蜇，死亡时间是3小时至30天。20只蜂蜇可使体重为250～300克的豚鼠死亡。

小鼠死前出现兴奋、呼吸加快、强直性痉挛等症状，最后因呼吸麻痹而死亡。受蜇部位有丘疹、麻痹性血管舒张和充血，中枢神经组织有坏死和炎性渗出反应。肝、肾和肺等实质脏器有充血、出血及营养不良等改变。

❷ 蜂毒对神经系统的作用

蜂毒具有箭毒样及神经节阻断剂样作用。浓度为1：1000的蜂毒首先使膈肌的神经-肌肉制备收缩而后松弛。此时用电极刺激此膈肌标本的神经时，发现不能引起膈肌的收缩，但此时神经的传导性并未丧失，表明蜂毒仅能阻滞冲动由神经传至肌肉。蜂毒可对抗肾上腺素和去甲肾上腺素对离体肠管的抑制作用，但却不能阻滞苯丙胺等直接抑制肠管运动药物的作用。实验证明，蜂毒中蜂毒肽具有神经节阻断作用，其作用部位为突触。当将其按50～100微克/千克浓度注入猫颈动脉时，使其颈神经节的*N*-胆碱结构对乙酰胆碱的敏感性降低。小鼠在静脉注射烟碱（10毫克/千克）前15分钟，向其注射蜂毒或蜂毒肽（2毫克/千克），可预防烟碱引起的活动增加及惊厥的发作。药理学研究证明，蜂毒肽抑制小鼠自由活动和探求活动，使自发和诱发的脑电活动发生抑制性改变。蜂毒肽对动物活动和脑电的影响是由于改变了大脑皮层和上行网状激活系统的传导功能。蜂毒肽对猫大脑皮层脑电抑制的直接原因是它引起血液性质的改变（如溶血、血液浓缩、高钾血症）及低血压。蜂毒中的阿帕敏被认为是神经毒素，它可以穿过血脑屏障，直接作用于中枢神经系统，可使小鼠对各种刺激敏感，缩短巴比妥引起的睡眠时间。大剂量可使动物死于呼吸肌麻痹。未死小鼠于60小时内呈现举尾、后肢躁动甚至发生强直性痉挛等过度兴奋状态，表明大脑和脊髓对阿帕敏比较敏感。按0.5～1.0毫克/千克给大鼠静脉注射时，使单突触的伸肌反射和多突触的屈肌反射电位增加。最近的研究资料表明，蜂毒肽和阿帕敏不但对大脑皮层有影响，而且对下丘脑也有作用，二者可使下丘脑的去甲肾上腺素、多巴胺和5-羟色胺含量增加。从临床报告看来，蜂毒对三叉神经痛和头痛均有良好的镇痛作用。综上所述，蜂毒对中枢和外周神经系统均有广泛而复杂的影响。

从临床资料看来，除对蜂毒过敏人群，在一般治疗剂量下，并不引起任何中枢及周围神经系统的兴奋和抑制现象。然而从蜂毒对某些神经系统疾病的治疗效果来看，治疗剂量的蜂毒对中枢神经系统确有影响，具有明显的镇静和镇痛作用。蜂毒对神经症、偏头痛及三叉神经痛均有较好的治疗效果。一般认为，蜂毒具有调节神经系统紧张度的作用，使大脑皮层活动正常化。这些作用可能与其调整物质代谢从而促进神经本身的修复有关。

③ 蜂毒对呼吸和心血管系统的作用

蜂螫时动物和人伴有呼吸加快，一般认为是血压降低引起的反射性反应。大剂量的蜂毒可导致呼吸中枢麻痹，此乃大量蜂毒致死的原因。

如果用5～10只蜂螫的毒量给狗静脉注射时，可使其血压长时间降低。蜂毒可降低离体猫心冠状血流量，但对于整体猫心和兔心都能使冠状血流量增加，蜂毒对心血管的影响颇似组胺。许多实验表明，蜂毒能释放各种实验动物（大鼠和豚鼠等）腹腔、肠系膜、肺和皮肤中的组胺。

蜂毒中释放组胺的成分有MCD—多肽、蜂毒肽和磷脂酶A2。上述三种成分释放组胺的原理各有不同。MCD—多肽通过发动（扳机作用）正常肥大细胞脱颗粒，使其中组胺释出；蜂毒肽则通过毁坏肥大细胞和亚细胞结构而释放出组胺，前者的作用为后者数十倍；磷脂酶A2能间接通过促进卵磷脂转变为溶血卵磷脂，后者具有释放组胺作用。此外，蜂毒内尚有传播组胺的物质——透明质酸酶存在，因而使其组胺样作用更加显著。

近年来，学者研究了蜂毒肽对心血管系统的影响。卡普林斯基（Kaplinsky）证明，当给家兔按1～1.5毫克/千克静脉注射蜂毒肽时，引起窦性心动过速、心律不齐和房室传导阻滞，并能降低血压及改变心电活动等。当给猫按1毫克/千克静脉注射蜂毒时，可使血压立刻降低至不可逆休克水平，使心电图呈现三种改变：①ST—T段明显的升高或下降；②各种程度的房室传导阻滞；③严重的室性心律失常。大剂量蜂毒可引起一般的血液动力学不正常变化及增加异位起搏点。蜂毒的上述作用可被β—阻滞剂普萘洛尔（心得安）对抗，但不能被阿托品对抗，表明蜂毒的上述作用与乙酰胆碱无关。蜂毒降低血压作用，除其中组胺和蜂毒肽的作用外，是否还有中枢神经系统参与，至今未见实验报告。最近研究证明，如将蜂毒与肝素一起温孵（37℃）30分钟，可明显降低蜂毒对家兔心脏的毒性，认为这是蜂毒与肝素结合的缘故。

④ 蜂毒的溶血作用

蜂毒具有极强的溶血作用。许多离体实验表明，蜂毒稀释度为1：10000时仍有溶血作用。蜂毒的溶血作用是红细胞壁透过性增强，使其中胶体大量渗出，红细胞终因内部渗透压降低而导致破裂，这种溶血称为胶体渗出性溶血。测定放射性同位素磷和钾渗入红细胞内速度，结果发现蜂毒确实能大大加快放射性同位素通过红细胞细胞壁的速度。蜂毒中溶血成分为磷脂酶A2和蜂毒肽，后者溶血作用比前者更强。在体外，肝素可完全对抗蜂毒肽溶血作用，但对磷脂酶A2的溶血作用无影响。蜂毒虽储放30年之久，但仍不失其溶血作用。

临床经验证明，治疗剂量的蜂毒，除对其过敏的特殊体质外，很少发生溶血现象。一方面可能是治疗剂量的蜂毒不足以引起明显的溶血现象，另一方面可能因为在体内尚有某些抗溶血因素抑制了蜂毒的溶血作用。

一般来讲，大量蜂毒注入动物和人体内必定要引起溶血反应，因蜂蜇致死的病例经尸检后，证实确有广泛的出血性和溶血性等病理改变，动物实验同样得到了证明。

综上所述，蜂毒在较大剂量时，于体内外均能产生溶血作用。

令人感兴趣的是，某些疾病（如梅毒及其他各种具有先天性脂类代谢障碍而使红细胞内磷脂含量升高的慢性疾病）患者的红细胞易被蜂毒破坏，因而可将蜂毒用作这些疾病的鉴别诊断。这是因为这类病人细胞膜中磷脂减少，而且磷脂在细胞膜中分布和排列也有变化，因而对细胞的保护性能降低。

⑤ 蜂毒的抗凝血作用

蜂毒在体外有抗凝血作用。蜂毒可使血液的凝固时间延长，蜂毒的抗凝血作用可被凝血致活酶和纤维蛋白原抑制。最新研究证明，当蜂毒在体外浓度为1～1000微克/毫升时，可使家兔凝血酶原时间、全血凝血时间和缺少血小板血浆的再钙化时间均延长，而且蜂毒的抗凝血作用与其浓度成正比。

蜂毒在体内同样具有抗凝血作用，如将相当于125只蜂螫的毒量静脉注射于体重为2.2千克的狗体内，注射后1小时，凝血时间从8分钟延长至17分钟，5小时后则延长至19分钟，24小时后开始恢复正常。进一步研究证明，蜂毒的稀释度为1：10000时，其抗凝血作用才明显减弱，并证明根皮苷可阻止蛇毒对凝血致活酶的抑制作用，但不能影响蜂毒对凝血致活酶的作用，表明这两种动物的抗凝血机制有所不同。目前关于蜂毒抗凝血作用的化学成分和作用机制尚不明了，有人认为蜂毒扰乱了血小板的凝集作用；而另一些学者则认为，是其中的磷脂酶A2阻止了凝血致活酶的产生，或者干扰了它的作用。

综上所述，蜂毒的抗凝血作用，可能与其抑制凝血致活酶的产生或使凝血致活酶失去活性有关，随即破坏了正常凝血过程的进行。但这仅仅是基于目前实验结果的一种推想，有待证实。

此外，某些学者发现蜂毒有抗蛋白质凝固的作用。蜂毒可使鸡蛋黄的热凝固时间延长，并且此作用可被磷脂酶抑制剂抑制。凝固时间的延长与其对蛋黄内脱氢酶的抑制作用强度相平行，但典型的脱氢酶抑制剂，如溴化氰等都不能延长蛋黄的热凝固时间，说明蜂毒的抗凝固作用并非由于单纯地抑制了脱氢酶的作用所引起，尚有另外的机制。多数学者认为，蜂毒内抗蛋白质凝固因子为磷脂酶A2。蜂毒的抗鸡蛋白的凝固作用可能与磷脂酶A2分解蛋黄中磷脂有关。关于蜂毒抗蛋白质凝固机制仍需进一步研究。

❻ 蜂毒对平滑肌的作用

蜂毒对离体肠管及子宫均有兴奋作用。赫伯曼（E.Habermann）报告，蜂毒内磷脂酶A2有直接兴奋平滑肌的作用。蜂毒能对抗肾上腺素、去甲肾上腺素等交感胺类药物抑制肠管平滑肌的作用。现已证明，蜂毒能抑制神经突触部位胆碱酯酶的活力。蜂毒对平滑肌的作用与神经介质之间的关系有待进一步研究。

❼ 蜂毒对各种实验性炎症的影响

蜂毒被用来治疗风湿症已有悠久的历史，近年来对蜂毒抗炎的有效成分及其作用机制进行了深入的研究。实验研究证明，蜂毒对注射甲醛、鸡蛋清、卡拉胶、巴豆油等引起的大鼠关节炎均有显著的预防和治疗作用，其蜂毒中的多肽、MCD-多肽、阿帕敏是主要的抗炎成分。MCD-多肽小剂量时（1～1000纳克/千克，皮下注射）对大鼠有致炎作用，剂量增加时（200～1000微克/千克，皮下或静脉注射）对关节内注射松节油或足掌下注射卡拉胶引起的足肿胀皆有明显的抑制作用，其作用强度比同等剂量的氢化可的松（又名皮质醇）抗炎作用强100倍。肾上腺切除术并不能完全解除MCD-多肽的抗炎作用，其抗炎作用可能与其降低毛细血管通透性、阻滞白细胞游走及抑制前列腺素E2的合成等作用有关。此外，阿帕敏亦已被证明是一种具有抗炎作用的多肽，当其剂量为10微克/千克和30微克/千克（腹腔注射）时，对注射5-羟色胺和右旋糖酐引起的大鼠足肿胀具有明显的抑制作用。但阿帕敏对组胺、缓激肽及甲醛性足肿胀无影响。阿帕敏在呈现抗炎症作用时，同时使已形成炎症的大鼠和家兔血清中升高的触珠朊及粘朊含量降低。

蜂毒中的蜂毒肽能抑制白细胞的移行，从而也抑制了局部的炎症反应。最新研究证明，蜂毒中含有去甲肾上腺素和多巴胺，而儿茶酚胺类抗炎作用是早已知道的事实。

早在1936年，就发现用蜂螯疗法治疗的风湿症病人，随症状的改善，其血中胆固醇类物质浓度升高，当时人们推测可能是风湿热患者体内有某种毒性物质，可被蜂毒动员出来，而后被胆固醇类物质所解毒。不久，又有人报告，当每只家兔经受100只蜂螯后，白细胞数目显著减少。但上述现象未能引起人们的注意，又过10年后，随内分泌学的发展以及促肾上腺皮质激素和肾上腺皮质激素的抗风湿作用的发现，人们直接注意到蜂毒抗风湿作用与垂体-肾上腺皮质系统的关系。

关于蜂毒对垂体-肾上腺皮质系统机能的影响已进行了比较深入的研究，证明给正常大鼠注射蜂毒后，可使其肾上腺内维生素C含量降低59%~89%，血中嗜酸性粒细胞数减少43%~69%。而且于2~4周内，经多次给药后，蜂毒仍能刺激肾上腺皮质功能，并无耐受现象发生。但对去垂体动物，上述作用便不复出现。此外，还证明，在向切断迷走神经和坐骨神经的大鼠后肢施行蜂螯，仍不失其刺激垂体-肾上腺皮质系统的作用，从而证明蜂毒的有效成分主要通过体液途径促进垂体前叶分泌促肾上腺皮质激素，导致肾上腺皮质功能加强。蜂毒内蜂毒肽和MCD-多肽为刺激垂体-肾上腺皮质功能的有效成分。当给猴皮下注射蜂毒肽时，可使猴血中氢化可的松浓度升高持续达17~21天之久。给狗注射MCD-多肽时，也使其血中氢化可的松浓度由54微克/100毫升升至170微克/100毫升。如果给家兔注射上述两种多肽，可使尿中17—酮类固醇排出增加。

综上所述，蜂毒的抗炎症原理比较复杂，其中某些成分（阿帕敏、去甲肾上腺素和多巴胺）具有直接抑制炎症作用。另一些成分（蜂毒肽）则对垂体-肾上腺皮质系统有明显的刺激作用，使皮质激素释放增加而产生抗炎症作用。还有些成分（MCD-多肽）本身既能刺激垂体-肾上腺皮质系统，又能直接抑制炎症过程。

另外，蜂毒还具有刺激肾上腺髓质的作用。按5毫克/千克给家兔皮下注射蜂毒时，在注射后1.5小时，家兔血糖明显升高，肝糖原含量显著降低，此作用是蜂毒释放了肾上腺素的结果。

8 蜂毒对动物和植物实验性肿瘤的影响

蜂毒对多种植物（小麦和天竺葵）及动物肿瘤均有一定的抑制作用。关于蜂毒抑制肿瘤的作用机理尚不清楚，可能与其普遍抑制生长旺盛组织的代谢有关。蜂毒对小鼠肉瘤组织的三磷酸腺苷生成有抑制作用，对正常肝组织的氧化磷酸化过程亦有明显的抑制作用。实验进一步证明，这主要由于蜂毒肽和磷脂酶A2使细胞微粒体膜溶解，从而使其呼吸受到抑制。因瘤组织的氧化磷酸化过程受到抑制，所以氧化供能过程遭到破坏，导致肿瘤组织生长受到抑制。

9 蜂毒的抗菌作用

许多实验报告证明，蜂毒对革兰氏阳性菌和革兰氏阴性菌皆有抑制和杀灭作用。但对上述两类细菌的作用强度不同，在试管内对革兰氏阳性菌的抑菌浓度为12.5～25微克/毫升，对革兰氏阴性菌则为1～10毫克/毫升。其对革兰氏阳性菌的作用比对革兰氏阴性菌的作用大约强100倍。从我国的研究结果看来，在试管内某些细菌，如乙种链球菌、丙种链球菌、志贺氏痢疾杆菌对蜂毒特别敏感，而其他细菌对蜂毒的敏感性较差。

不但某些细菌对蜂毒十分敏感，甚至草履虫在1：1万蜂毒水溶液中立即死亡，在1：5万蜂毒水溶液中也只能存活30秒，但在1：50万～1：60万的蜂毒水溶液中反能刺激草履虫的繁殖。这种现象说明不同浓度的蜂毒具有不同的生物作用。关于蜂毒的抗菌成分至今尚未进行认真研究。部分研究表明，蜂毒肽具有明显的抗菌作用，其对结核分枝杆菌、伤寒杆菌、链球菌、枯草杆菌等均有抑制作用。当给豚鼠皮下注射0.11～2.2毫克蜂毒肽时，对豚鼠的实验性伤寒有治疗作用。煮沸并不能破坏蜂毒肽的抗菌作用。1毫克蜂毒肽对革兰氏阳性菌的抗菌作用强度相当于0.1～93单位青霉素的作用。此外，实验已证明，蜂毒可增强磺胺和青霉素的抗菌作用。虽然蜂毒有明显的抗菌作用，但至今未受到应有的重视，更未被广泛应用于临床治疗。

10 蜂毒的抗辐射作用

当用X射线或γ射线照射小白鼠的剂量不超过1000伦琴时，按1.1～56微克/鼠剂量，提前给其皮下或腹腔注射蜂毒，可使小白鼠的生存率由0增至80%。另有报告，小鼠在经受937伦琴^{60}Co照射前，按2.8微克/克或5.6微克/克体重皮下注射蜂毒时，可使小鼠60天内存活率分别增加10%和18%，并且可明显减轻受辐射小鼠骨髓和脾的病理改变。实验证明，蜂毒内抗辐射作用物质可能为蜂毒肽。因为当小鼠受总量为1000伦琴X射线照射时，提前给其注射蜂毒肽，可使小鼠的生存率由0.5%增加至50%，但对总量为2400伦琴的X射线照射则无保护作用。最近研究证明，蜂毒中的甘氨酰胺也具有抗辐射作用，如给小鼠按1000毫克/千克皮下注射时，可使受X射线照射小鼠的生存率明显升高。

蜂毒抗辐射作用原理可能有三：①起应激原作用，刺激机体产生适应综合病症；②刺激造血功能；③有抗菌作用。

⑪ 蜂毒对免疫机能的影响

蜂毒具有免疫抑制作用，有效成分为低分子化合物，例如蜂毒肽和阿帕敏。这两种多肽能降低小鼠产生溶血素的脾细胞数量。对去肾上腺小鼠，上述两种化合物不但失去免疫抑制作用，而且对免疫呈现刺激作用。可见这两种多肽的免疫抑制作用，是刺激肾上腺皮质增加分泌皮质激素的缘故。在去肾上腺后，上述多肽出现刺激免疫作用为促肾上腺皮质激素直接作用于免疫原器官的结果。

经受蜂螫或注射蜂毒制剂引起过敏的病例屡有报道，这是由于蜂毒中高分子多肽（如磷脂酶A2和透明质酸酶等）有很强的致敏性。除上述两种酶为致敏原之外，尚有报道分子量为49000u的酸性磷酸酶亦是致敏原。科研人员从蜂毒中还分离出两种分子量分别为49000～200000u及105000u的致敏原B和C。蜂毒能否使人体致敏，主要取决于人体对蜂毒的敏感性。对蜂毒敏感的人血中具有较高浓度的免疫球蛋白E（IgE），而免疫球蛋白G（IgG）的浓度则较低。相反，经常受蜂螫而无不良反应者，血中免疫球蛋白G浓度较高，而免疫球蛋白E浓度则较低。可见蜂螫过敏是蜂毒与免疫球蛋白E作用的结果，而蜂螫的免疫则是蜂毒与免疫球蛋白G作用所致。

⑫ 蜂毒的其他作用

蜂毒制剂按5微克/千克或20微克/千克给患有实验性心肌炎家兔皮下注射时，可使心肌变性和硬化的病理改变明显减轻。其次，给家兔肌肉注射蜂毒肽0.17毫克/千克，每天注射一次，共给药20天，可使血压下降，血浆胆固醇降低77.2%。降低胆固醇的机制，可能由于蜂毒肽促进前列腺素PGE1的释放，PGE1可降低冠状动脉的阻力及增加其血流量。另外，蜂毒肽还具有抗凝血活酶作用，并能抑制凝血酶原激活物的生成。药理学研究证明，蜂毒成分阿帕敏具有抗心律不齐作用。

综上所述，蜂毒具有复杂的药理和毒理作用。它对神经系统、心血管系统、呼吸系统、内分泌系统、机体的免疫功能、炎症及其他病理过程均有影响。通过化学家和药理学家的合作，已经证明上述药理作用可能由不同的化学成分所产生，这一成就具有十分重要的意义。因此，今后可以考虑改变蜂毒制剂的剂型，去除其中不是治疗目的所需要的化学成分，而只保留一定的治疗性成分。这样的蜂毒制剂是疗效高、副作用小的新型蜂毒制剂，从而为蜂毒疗法开辟新的前景。

6.4 蜂毒的现代药理研究

❶ 对神经系统的作用

蜂毒对中枢和周围神经系统有广泛而复杂的影响。全蜂毒及其组分蜂毒肽、托肽品和蜂毒明肽等，具有明显的亲神经性。全蜂毒及蜂毒肽对烟碱性胆碱受体有选择性阻滞作用；蜂毒明肽可透过血脑屏障直接作用于中枢神经系统。蜂毒有明显的镇痛作用，其镇痛指数高于安替比林，低于吗啡。蜂毒中有镇痛抗炎作用的多肽安度拉平对脑前列腺素合成酶的抑制作用约为吲哚美辛（消炎痛）的70倍，而且其镇痛作用也涉及受体机制。临床证明，蜂毒对神经症、偏头痛及三叉神经痛有较好的疗效。一般认为，蜂毒有调节神经系统紧张度的作用，使大脑皮层活动正常化，调整物质代谢，促进神经本身的修复。据南京邮政医院报道，用蜂毒注射液穴位注射治疗原发性坐骨神经痛的病例有75例，痊愈率64%，总有效率100%。

❷ 对心血管系统的作用

蜂毒对心血管具有强烈的作用，如降压、抗心律失常、改善脑血流及心肌功能等。实验表明，蜂毒肽对离体动物心肌具有很强的心肌毒性作用。注射蜂毒肽后，毒性立即出现，伴有心电图的变化及谷丙转氨酶释放至灌流液中，注射蜂毒后出现心肌挛缩，甚至不可逆麻痹。而在整体动物，注射蜂毒之后，未立即出现对心脏毒性作用，心率不变，仅在注射后15分钟，偶尔出现心电图变化。

蜂毒对心脏有双向调节作用。小剂量对离体心脏有兴奋的作用，中剂量表现为抑制作用。人体受蜂蜇后，有呼吸加快现象，这是蜂毒使血压降低引起的反射性反应。大量的蜂毒可使机体大脑呼吸中枢麻痹导致死亡。蜂毒可引起动脉血压降低的效应主要与磷脂酶A2有关。蜂毒中的心肌肽和蜂毒明肽有类似于异丙肾上腺素的抗心律失常的作用，而且作用的持续时间远比异丙肾上腺素长。

❸ 对血液循环的作用

蜂毒对垂体－肾上腺系统有刺激作用，有实验证明豚鼠注射蜂毒后可使血浆

17-羟皮质类固醇含量明显增加；蜂针液或其组分蜂毒肽通过兴奋脑垂体前叶使肾上腺分泌氢化可的松增加。研究表明，蜂毒有降低血液黏度，降低红细胞聚集，增强红细胞变形能力，预防血栓形成和活血化瘀作用。有关研究证明：小剂量蜂毒可抑制二磷酸腺苷所引起的血小板聚集，增强解聚作用，并指出利用小剂量蜂毒的降低凝血和降聚作用，预防和治疗血栓形成前状态。山东省医学科学院吴围屏等[8]研究表明，蜂毒还具有改善微循环障碍作用。在微循环紊乱之后，静脉注射蜂毒有效成分（0.112毫克/毫升）2毫升，使得微血管灌流通畅，团块状的血栓边缘松散，变为泥沙样至颗线流、线流。蜂毒有效成分表现出了明显的改善微循环障碍和溶栓的作用。

❹ 对内分泌系统的作用

蜂毒（主要是多肽类）能促进血浆中肾上腺皮质激素的分泌，起到抗风湿、类风湿关节炎作用。蜂毒中肥大细胞脱颗粒多肽（MCD—多肽）的抗关节炎作用比氢化可的松强100倍，英国已分离出单一的肥大细胞脱颗粒多肽并制成关节炎药剂。

由于蜂毒中的多肽类具有抗炎、能降低血管通透性，抑制前列腺素E2合成，并能兴奋肾上腺皮质功能。蜂毒广泛用于临床上治疗风湿性和类风湿性关节炎，严序炳等[9]报道，应用蜂毒注射液治疗86例风湿性和类风湿关节炎。一个月为一个疗程，经一个疗程治疗后，临床显效18例，有效49例，无效19例，总有效率77.9%。

❺ 抗菌抗炎止痛作用

蜂针液的毒素经血管和淋巴管吸收，能增强人体抗炎、抗菌能力，促进机体新陈代谢，起到镇痛及免疫调节等作用，其多种化学成分对全身都有不同的作用。蜂毒进入人体有消炎止痛、抗风湿等作用，可抑制大脑皮质支配区的疾病兴奋灶，切断疾病的恶性循环，使神经中枢恢复正常，紊乱的代谢得到纠正，从而使病人疼痛很快缓解。

蜂毒有明显的抗菌作用。蜂毒中的多肽溶血毒能抑制20～30种革兰氏阴性及革兰氏阳性病原微生物的发育，并能对抗对青霉素有耐药性的金黄色葡萄球菌。实验证明，蜂毒在试管内对革兰氏阳性菌的抑菌浓度为12.5～25微克/毫升，对革兰氏阴性菌则为1～10毫克/毫升，其对革兰氏阳性菌的作用比对革兰氏阴性菌的作用大约强100倍。动物实验表明，当给豚鼠皮下注射0.11～2.2毫克蜂毒肽时，对豚鼠的实验性伤寒有治疗作用。值得注意的是，煮沸并不能破坏蜂毒肽的抗菌作用。1毫克蜂毒肽对革兰氏阳性细菌作用强度，等于0.1～93单位青霉素的作用。此外，实验已证明，蜂毒不但能直接杀灭细菌，还能增强抗生素的抗菌性能。

蜂毒抑制前列腺素的合成，降低毛细血管通透性，抑制白细胞游走，多肽成分阿帕敏和儿茶酚胺类具有直接抑制炎症的作用。多肽成分蜂毒肽可兴奋垂体肾上腺皮质系统，使促肾上腺皮质激素分泌增多而发挥抗炎作用。MCD—多肽能刺激肾上腺皮质和直接抑制炎症过程。

❻ 对免疫机能的作用

蜂毒具有免疫抑制作用，实验表明蜂毒及其组分蜂毒肽、蜂毒明肽和MCD—多肽的免疫抑制作用是因为刺激肾上腺皮质增加分泌皮质激素。经受蜜蜂或注射蜂毒制剂引起过敏的病例屡有报道，蜂毒能使人过敏，主要取决于人体对蜂毒的敏感性。研究发现对蜂毒很敏感的人，血中具有较高浓度免疫球蛋白E，而免疫球蛋白G浓度较低。相反，经常受蜂毒而无不良反应者，血中免疫球蛋白G浓度较高，而免疫球蛋白E浓度则较低，可见蜂毒过敏是因为蜂毒与特殊免疫球蛋白G作用。研究表明，一定量的蜂毒（10只蜜蜂螫刺）能刺激抗体产生，加大蜂毒用量则对抗体免疫反应有抑制作用。蜂毒呈现其刺激和抑制抗体产生作用时，均能调节机体免疫机制，有利于增强机体抵抗力。

❼ 抑制肿瘤细胞、抗病毒作用

蜂毒中的多肽溶血毒，肥大细胞脱颗粒多肽及磷脂酶A2都能引起肥大细胞脱颗粒溶解并释放组胺。多肽溶血毒能直接对细胞的磷脂膜起溶解作用，抑制细胞发育，对肿瘤细胞（肉瘤、淋巴瘤）显示出强烈的细胞毒素（细胞破坏）作用。磷脂酶A2对Rous肉瘤和Hela细胞（宫颈癌细胞）有抑制作用。实验证明，蜂毒能明显抑制肿瘤组织的增殖。蜂毒中的蜂毒肽和磷脂酶A2，能抑制肿瘤组织的氧化磷酸化过程和抑制组织代谢，而产生对肿瘤的抑制作用，实验中还发现，蜂毒肽对肿瘤的破坏作用，明显大于正常细胞，这为蜂毒应用于肿瘤的治疗提供了基础。此外，蜂毒对流感病毒有对抗作用。据李荣农报道，用蜂毒治疗由一种亲神经病毒所致的带状疱疹35例，按穴位注射蜂毒液4～6毫升，结果34例痊愈，治愈率达97%。

❽ 抗辐射作用

蜂毒具有一定的抗辐射作用。动物实验表明，当用X射线或γ射线照射小鼠时，提前给予皮下或腹腔注射蜂毒，可使小鼠的生存率提高，表现出明显的抗辐射作用。苏联阿尔捷莫夫曾报道蜂毒具有抗X射线的作用，值得注意的是，他不仅证实了注射蜂毒防护辐射的作用，还有治疗的作用。日本宫野岩男，用^{60}Co作照射源，证实蜂毒有抗γ射线的作用。我国学者的实验也证实了这一作用。

现代研究表明，蜂毒能增强机体的应激能力，减轻辐射损伤的程度，减少由辐射所引起的细胞染色体畸变的发生。蜂毒具有保护和复苏造血细胞的潜在作用，防止因辐射所引起的骨髓和脾脏退化现象。蜂毒抗辐射的主要成分为蜂毒肽、磷脂酶A2和组胺肽等。

9 对艾滋病的作用

据报道，1999年德国诺海贝格卫生和环境研究中心的病毒学家巴拉克·维尔纳在研究中发现，艾滋病病毒的化学结构类似于蜂毒的结构，确认蜂毒可以通过破坏艾滋病病毒促进剂来阻止病毒的扩散。

促进剂是沟通基因转录过程的一种物质，它根据基因信息制造活性蛋白质，当促进剂被蜂毒破坏后，就无法制造携带病毒信息的蛋白质，病毒就无法繁殖、扩散。研究表明，蜂毒可以减少70%的基因转录，使病毒的产生减少99%。维尔纳认为，同其他抗艾滋病药物相比，蜂毒的优势是直接从内部抑制了病毒的产生。因此，用蜂毒和其他药物相结合，对艾滋病的治愈会有所帮助。

传统蜂毒疗法

20世纪60年代以前，提纯的蜂毒还没有问世，传统的蜂毒疗法是在患者预备蜇刺的部位涂上蜜，吸引蜜蜂，当采集蜂达到一定数目时，用布将蜜蜂蒙住，刺激蜜蜂蜇刺；或者用镊子捏住蜂并将其置于患者预刺部位，让蜂来蜇。

古代曾用蜂毒缓解战后士兵的肌肉疲劳。

Chapter 3
蜂疗
就在您身边

1 蜂疗基础知识

1.1 蜂疗的定义

利用蜜蜂及蜂产品（蜂蜜、蜂王浆、蜂花粉、蜂胶产品、蜂蜡、蜂毒、蜂房、蜂尸、蜂幼虫、蜂蛹等）供人体医疗保健的方法称蜜蜂疗法（Apitherapy），简称蜂疗。蜜蜂疗法是一种自然疗法（Naturopathy）。中国幅员辽阔，蜜蜂资源丰富，养蜂历史悠久。由古以来，蜂疗在中国传统医学和民间医疗保健中占据重要地位。

蜂疗医学是利用和研究用蜂针、蜂毒和蜂产品及其制剂防治疾病的一门学科。它是我国传统医学的一个分支，与中医学、中药学紧密结合，形成了独特的风格，在传统医学中表现出强大的生命活力而受到人们的重视。

中国利用蜜蜂采集物、分泌物以及蜜蜂幼虫、蛹和成虫等防治疾病已有3000多年。古人取食蜂蜜、蜂幼虫和蜂蛹而了解到蜂疗，不自觉地接受蜂疗保健了。根据1984年在中国山东莱阳市北泊子和临朐县山旺发掘出土的蜜蜂化石，考证在中国东部2000万年前就已有蜜蜂的存在了。根据《华盛顿邮报》报道，科学家在美国新泽西州的一块琥珀中，发现一只保存完好的属于8000万年前的蜜蜂。所以昆虫学家推测，最原始的蜜蜂一定生存在比8000万年前还早得多的时期。

中医中药的专著、辞典有《中药大辞典》《中医大辞典》《中药大全》《中华名医名方大全》《新编药物学》《中华人民共和国药典》等，在这些医药书籍中，对蜂毒及蜂产品的药性、药理及临床应用等做了详细的记载。

1.2 中医蜂疗简史

中医蜂疗作为中华民族医学宝库中的瑰宝，在我国有着悠久的历史、优良的传统和广泛的群众基础，在世界蜂疗发展史上占有重要的地位。

蜂蜜在我国传统中医药中有着举足轻重的作用，古代的医典中有大量关于蜜蜂和蜂产品的记载，当中还涉及很多有关蜂蜜、蜂毒的医方，下面列举一些主要记载。

（1）我国汉代最早的药典——《神农本草经》收录365味药材，分为上品、中品、下品三类，将石蜜（蜂蜜）、蜜蜡（蜂蜡）、蜂子列为上品，并指出“石蜜味甘、平。主心腹邪气，诸惊痫痓，安五藏，诸不足，益气补中，止痛解毒，除众病，和百药。久服，强志轻身，不饥不老”“蜜蜡味甘、微温。主下利脓血、补中续绝伤金创，益气不饥耐老”“蜂子味甘、平。主风头，除蛊（最毒的虫子）毒，补虚羸伤中（内脏）。久服，令人光泽，好颜色，不老”。

（2）在20世纪70年代，我国湖南长沙马王堆汉墓挖掘出土的公元前3世纪汉代帛书《五十二病方》中，就有应用蜂子和蜂蜜治病的配方。

（3）1972年，在甘肃武威旱滩汉墓出土的东汉武威医简《治百病方》，记载36种医方中的多种丸剂用蜂蜜配方。这些配方至今仍被沿用。

（4）北魏贾思勰《齐民要术》中记述了用蜂蜜酿造食醋的方法“水一石，蜜一斗，搅使调和，密盖瓮口。著日中，二十日可熟也。”

（5）医圣张仲景著《伤寒杂病论》中提出“蜜煎导方”主治便秘，是世界上最早的蜂蜜栓剂处方。

（6）晋代养生保健先驱兼医药学家葛洪（约283—约363年）著《抱朴子》和《肘后备急方》中，记有蜂蜜外用处方“五色丹毒，蜜和甘姜敷之”“目生珠管，以蜜涂目中，仰卧半日乃可洗之，生蜜佳”“汤火灼已成疮，白蜜涂之，以竹中白膜贴上，日三度”。

（7）著名医学家陶弘景（456—536年）在其著《本草经集注》中指出“蜂子酒渍，敷面，令人悦白”。

（8）百岁名医甄权（541—643年）著《药性论》记载蜂蜜“常服面如花红”“神仙方中甚贵此物”。

（9）著名医学家孙思邈（581—682年）著《千金要方》，他在总结前人经验基础上提出蜂蜜可治疗咳嗽。

（10）明代大药学家李时珍（约1518—1593年）著《本草纲目》中对蜂蜜医治疾病功效概括为：清热也，补中也，解毒也，润燥也，止痛也。生则性凉，故能清热；熟则性温，故能补中。甘而和平，故能解毒；柔而濡泽，故能润燥。缓可以去急，故能止心腹、肌肉、疮疡之痛；和可以致中，故能调和百药，而与甘草同功。花粉具有“凉血，和血，止心腹诸痛”作用；对蜂蜡作单一词条阐述，还用于药丸赋形，如三黄宝蜡丸，以及外用涂布油膏等；还为蜂房和蜂子单立词条，并扩展治验附方。

（11）宋应星的《天工开物》中记载“凡酿蜜蜂普天皆有，唯蔗盛之乡则蜜蜂自然减少。蜂造之蜜出山岩土穴者十居其八，而人家招蜂造酿而割取者，十居其二也。

凡蜜无定色，或青或白，或黄或褐，皆随方土花性而变。凡蜂不论于家于野，皆有蜂王。王之所居造一台如桃大，王之子世为王。王生而不采花，每日群蜂轮值，分班采花供王。王每日出游两度（春、夏造蜜时），游则八蜂轮值以待。蜂王自至孔隙口，四蜂以头顶腹，四蜂傍翼飞翔而去，游数刻而返，翼顶如前。畜家蜂者或悬桶檐端，或置箱牖下，皆锥圆孔眼数十，俟其进入……南方卑湿，有崖蜜而无穴蜜。凡蜜脾一斤炼取十二两。西北半天下，盖与蔗浆分胜云。”

（12）彭大翼的《山堂肆考饮食卷二》书中，记载唐代女皇武则天嗜爱花粉成癖，采得花粉以醋及药水调和，加工成“花粉糕”，并赐群臣。自己常食花粉，年过八旬，精神饱满。

（13）方以智（1611—1671年）在《物理小识》第五卷中介绍利用“药蜂针”的方法“取黄蜂之尾针，合硫炼，加冰麝为药，置疮疡之头，以火点而炙之”。后被赵学敏（1765年）收录于《本草纲目拾遗》第十卷中，列入传统医学之列。

上述列举的是有关蜂蜜、蜂毒的医方、医术，充分说明我国从古代医学界便已经认识到蜂蜜等蜂产品的医疗价值，并已应用于临床治疗一些疾病。这些医方、医术不仅是我国医学的遗产，也是医学文化的瑰宝。

1.3 蜂疗适应证

在20世纪80年代前，蜂疗的治疗范围很窄，多局限于关节炎、神经痛等方面的疾病。20世纪80年代后，蜂疗的作用逐渐被人们所认识，并引起众多医者的关注。各国专家学者对蜂疗进行了广泛的试验和科学论证，从而使蜂疗的适应证范围不断扩大，并经临床验证疗效确切，汇总如下。

（1）呼吸道传染病　流行性感冒、腮腺炎。

（2）变态反应性疾病　过敏性鼻炎、哮喘。

（3）心脑血管系统疾病　高血压、心绞痛、心肌炎、脉管炎、静脉曲张、动脉硬化、脑血栓后遗症。

（4）消化系统疾病　胃痛、习惯性便秘、肝硬化、腹水。

（5）风湿性疾病　风湿热、类风湿性关节炎、强直性脊柱炎、硬皮病、干燥综合征、皮肌炎。

（6）内分泌系统疾病　甲状腺功能亢进、甲状腺功能减退。

（7）神经系统疾病　面神经麻痹、表皮神经炎、三叉神经痛、坐骨神经痛、视神经麻痹、神经性头痛、肋间神经痛、运动神经元病、多发性硬化症。

（8）外科疾病　骨关节病、腱鞘炎、腱鞘囊肿、肩周炎、滑膜炎。

（9）妇科疾病　子宫肌瘤、卵巢囊肿、附件炎、痛经。

（10）其他疾病　银屑病、神经性皮炎、胆结石、肾结石、良性及恶性肿瘤。

2 蜂蜡疗法介绍*

2.1 蜂蜡疗法的定义

蜂蜡是工蜂蜡腺分泌的一种油脂状物质。工蜂腹部第4～7节腹面各有一对蜡腺，蜡腺分泌的蜡液在腊镜上凝结成蜡磷。13～18日龄的工蜂会分泌蜡液，蜂蜡的熔点为62～67℃。蜂蜡疗法是指将蜂蜡加热熔解后涂敷于患处，将热量传入机体，发挥机械压迫等作用，通经脉，调气血，从而达到治疗疾病的一种集药物、穴位刺激，温热疗法、中药透皮吸收为一体的物理疗法。

蜂蜡疗法是在中医基础理论的指导下，对疾病的症候进行分析，明确病因病机，通过辨证论治，形成配穴或治疗部位处方，从而达到防病治病的目的。

蜂蜡疗法有着悠久的历史，多部古医籍中都有对蜂蜡疗法的相关记载。

唐代孙思邈的《千金要方·敷贴第八》中述："松脂贴主痈疽肿方。先以火暖铜铛令热，以蜡拭铛使通湿，铧松脂令破内铛中，次下脂。"

宋代唐慎微集成的《经史证类备急本草》，收载葛洪、孙思邈用蜂蜡治疗痰病的方法，并详述唐·刘禹锡《传信方》中的蜂蜡疗法。

明代李时珍的《本草纲目》中曾有记载"用蜡二斤，于悉罗中熔，捏作一兜鍪，势可合脑大小，搭头致额，其病立止也。于破伤风湿、暴风身冷、脚上冻疮……均有奇效。"

清代吴谦《医宗金鉴·痈疽炙法歌》述："凡痈疽、发背恶疮、顽疮……悬蜡上烘之，令蜡化至滚，再添蜡屑，随添以井满为度。皮不痛者毒浅，灸至知痛为度。皮

---

* 本部分内容参考李海燕等主编，由中国中医药出版社出版的《蜂蜡疗法》。

痛者毒深，灸至不知痛为度。”对蜂蜡疗的操作方法及适应证等进行了较全面的载述。

蜂蜡疗法，古已有之，但受技术条件、资源和认识等的限制，没有像针灸、推拿那样形成规模，为人们所熟知。随着现代科技的进步，蜂蜡疗法已趋于完善，治疗时间短、见效快、收效长，更重要的是它采用外敷法，这种透皮吸收法可消除胃肠的首过效应，更无损伤脾胃之弊，因而越来越受到患者的青睐。

目前，除了在医疗机构有蜂蜡疗法，很多美容、疗养、理疗等机构都开设了蜂蜡保健项目，受到广大医务工作者和消费者的喜爱。蜂蜡疗法今后的发展之路一定会向着医疗和家庭保健两个方向发展得越来越好。

2.2 蜂蜡疗法基本原理

2.2.1 中医学原理

蜂蜡疗法是一种中医外治疗法，根据脏腑、经络学说，运用四诊八纲等理论来进行临床治疗，具有温经散寒和活血化瘀等作用。

❶ 温经散寒通络

蜂蜡疗法的主要功效是温经散寒通络，临床中常见疼痛、麻木、拘挛类疾病，很多是由于寒邪入侵机体，使寒凝血瘀、气滞血行不畅，符合中医理论中的“不通则痛”。这种寒性疾病要用“热”的方法来治疗。蜂蜡疗法正是用它温热的特性来达到温经散寒通络的治疗目的。故蜂蜡疗法可用于治疗寒邪引起的痹证、腹痛、痛经等疾病。

❷ 活血化瘀消肿

蜂蜡疗法“热”的特性可促进或加快人体内气血的运行。正常人体内气血运行有序，当人体感受外邪后，机体局部气血运行受阻，经过一段时间形成瘀血、痰湿等病理产物，使人体感到疼痛、肿胀等不适，在患处进行蜡疗，可起到活血化瘀消肿的作用。临床上，蜂蜡疗法可用于人体各处外伤等引起的血瘀、肿胀。

❸ 祛风健脾除湿

风为百病之长，人体正气不足之时很容易受风邪的侵袭，造成游走性疼痛、经络闭阻不通等疾病；此外，人久居潮湿之地或脾虚运化不利也会造成湿邪侵袭人体，治疗均当祛风健脾除湿。蜂蜡疗法运用此原理来治疗面瘫、风湿性关节炎及类风湿关节炎等疾病。

2.2.2 西医学原理

蜂蜡是一种复杂的有机化合物，其主要成分是高级脂肪酸和一元醇所合成的酯类、脂肪酸和糖类，具有以下优良特性。

❶ 蓄热性能

蜂蜡有热容量大、导热性小和近于不对流的性质，因而有很好的蓄热性能。敷蜡15分钟后，皮温可升高8～12℃，并且蜂蜡疗法的蓄热性能可使患者耐受较高温度而没有灼烫感，有舒适的温热感。敷蜡后患者局部毛细血管明显扩张、血流量增加、血流速度加快、局部组织新陈代谢活跃、再生过程加快，使挛缩的肌腱软化松解，从而达到扩大关节活动度、降低肌张力的作用。

❷ 机械压迫作用

由于蜂蜡有良好的可塑性与黏滞性，当其与皮肤接触时，可促使温热向深部组织传递。随着蜡温降低、体积缩小，蜂蜡具有机械压迫作用，对防止瘢痕增生起到一定作用，减轻疼痛、消散水肿，从而改善功能。

❸ 软化作用

蜂蜡中的糖类能刺激上皮生长，促进创面愈合，同时具有止痛和促进再生的效果。因此，蜂蜡对瘢痕组织及肌挛缩有较强的软化作用。

2.3 蜂蜡疗法操作技术规范

目前，市场上蜂蜡疗法采用的蜂蜡产品大致分为两种：一种为单方，也就是纯蜂蜡；另一种为复合配方，是用蜂蜡加上中草药（提取物）或其他原料合成的蜂蜡膏（或蜂蜡灸）。不同配方的蜂蜡产品操作流程和技术规范也不完全相同。

2.3.1 操作前准备

❶ 说明

为了取得体验者的积极配合，在蜂蜡理疗前，应向体验者进行必要的说明，包括蜂蜡理疗过程中温度的逐步适应，理疗过程中可能会出现的大汗流出、皮肤发红等现象，疗程、预后情况等，尤其对初次体验者更加必要，以免体验者产生恐惧心理，或不愿意接受本疗法，或不能连续理疗而影响效果。

2 消毒

对蜂蜡理疗操作间、非一次性用品、用具（如美容床、褥子、被子、毛巾、浴巾等）做好消毒、除菌工作。

3 检查

蜂蜡理疗前必须仔细检查一下理疗工具，如刷蜡的刷子、恒温熔蜡机、蜂蜡体膜、蜡布、蜡纸、塑形、恒温柜和微波炉等是否完好，经检查合格后方可使用。

将规定部位的蜂蜡体膜放入蜂蜡体膜恒温柜中，温度调整至标准度数即可。

4 体位选择

指导体验者躺在专用的床铺上，选取适当的体位，以便于进行蜂蜡理疗。操作人员也要选择适当的位置，以免影响理疗效果。

5 环境要求

操作间温度控制在27～33℃，避开吹风口，操作时房间不能使用空调、风扇等制冷设备；可适当播放轻音乐，避免环境嘈杂；美容床铺整齐排列，保持卫生，勤通风、消毒。

2.3.2 单方蜂蜡疗法

1 蜂蜡溶解

将规定的蜂蜡块按标准放入恒温熔蜡机中，面部蜂蜡块温度调至“第二使用温度”字样处，局部和全身蜂蜡块调整至“第六使用温度”字样处即可。

单方蜂蜡

2 蜂蜡体膜加热

将规定部位的蜂蜡体膜放入蜂蜡体膜恒温柜中，温度调整至标准度数即可。

3 舒筋通络

在蜂蜡块熔化和体膜加热的同时，将草本蜂乳或蜂毒液、蜂毒火精油等均匀涂抹于体验者肌肤表面，并进行经络手法的疏通，采用按摩、推拿等方式，放松肌肤，舒筋通络，打开皮肤通道。

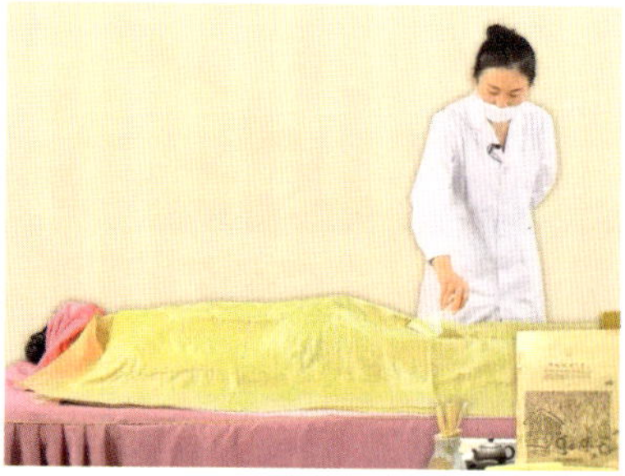

刷蜂蜡

4 敷膜

将加热好的蜂蜡体膜轻放至体验者身上并根

据身形体态进行包裹、塑形。

5 刷蜡

加热蜂蜡块，用专门的蜂蜡刷，轻轻蘸取蜂蜡，均匀且快速地刷至相关部位的蜂蜡体膜上，这个过程就是蜂蜡层层叠加的过程。整个刷蜡时长保持在15~20分钟。

6 隔热保护

刷完蜂蜡之后，将一次性不渗油、不漏水床单覆盖在蜂蜡上，再覆盖浴巾或美容被。

7 缓压

刷完蜂蜡5分钟左右，对蜂蜡体膜进行二次塑形，且观察、触摸体验者，感受其身体变化。在此期间可以给体验者按摩其他部位，缓解体验者的不安情绪。

8 揭去蜂蜡体膜

待体验者感受不到蜂蜡的温度时，揭去蜂蜡体膜，擦除体验者汗液，撤走沾湿的一次性床单，让体验者平躺休息3分钟。

9 收尾工作

擦干体验者身上汗水后，穿戴好衣服。

2.3.3 复合配方蜂蜡疗法

复合配方蜂蜡疗法是将蜂蜡膏加热后热敷于体表，当热量高于体表一定温度时，通过热量传导和生物导入技术将蜂蜡膏中的营养成分及药物通过人体穴位导入体内，体内的寒湿就会被驱赶至体外，患处就会出现不同的汗液，如黄汗、黑汗、褐汗，而健康部位会出现正常汗液。

1 打开皮肤通道

将蜂毒液或蜂毒火精油均匀涂抹于肌肤表面，并进行经络手法的疏通，给体验者按摩、推拿3~5分钟。因人而异，也可以用完蜂蜡膏后疏通经络。

复合配方蜂蜡膏

② 熔化蜂蜡膏

在按摩期间，用微波炉把蜂蜡膏加热3～5分钟。加热时间长短要根据微波炉不同功率并结合当时气候。蜂蜡膏的干稀、温度根据每个体验者体质需要，一般达到45度左右微烫，体验者感觉舒适就行。

③ 铺蜡

把熔化后调匀好的蜂蜡膏铺在体验者身上需要的地方，然后将一次性不渗油、不漏水（薄膜）床单覆盖在蜂蜡膏上，再覆盖浴巾或保温被。

④ 保持温度

隔热保护20～30分钟，少部分体验者根据身体状况需要延长10～20分钟时间。期间可以再覆盖赤豆包、盐包或红外线罩灯加热，保持一定恒温效果更佳。

⑤ 缓压

在此期间，观察、触摸和询问体验者，感受其身体变化。可以给体验者按摩其他部位，缓解体验者的不安情绪。

⑥ 热敷通经络，排寒湿

蜂蜡膏热敷能渗透皮下、温养经络、祛湿散寒。根据不同部位热敷30分钟左右，分别起到调和气血、消痛化瘀、扶阳固本等作用。

⑦ 收尾工作

到时间后揭去体验者的覆盖物，将蜂蜡膏卷起收回盒内。擦除体验者汗液，让体验者平躺休息3～5分钟；也可根据体验者身体状况，再次用蜂毒液或蜂毒火精油按摩热敷的部位。

2.3.4 疗程

单方蜂蜡1～2天一次，15～20次为一疗程；复合配方蜂蜡膏1～2天一次，10～20次为一疗程，可以根据体验者的情况调整。

2.3.5 蜂蜡膏蜂疗对炎症的作用

（1）因为蜂蜡膏中加入了针对性的中草药，可以镇痛消肿，促使炎症消退、吸收，使坏死组织脱落。

（2）在炎症早期可促进炎性渗出物的吸收和消散。

（3）有助于坏死组织的清除及组织修复，使伤口肉芽组织生长，加速愈合并抑制细菌的生长繁殖。

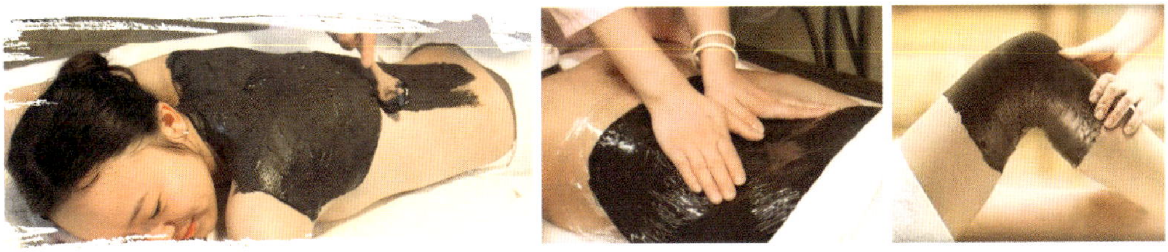

热敷蜂蜡膏

2.4 蜂蜡疗法取穴

2.4.1 认识腧穴

腧穴，通常也被称为穴位。如果把经络比作人体内的一条条“路线”，穴位就是这些线路上的一个个“关卡”。关卡开放，路线才能通畅。当有“不法分子”逃窜，关卡也能将其截留。同理，穴位畅通，脏腑的经络之气才能正常流通。当外邪侵入机体时，刺激穴位，可增强机体功能，也可以把外邪驱逐出去，防止其向内传导。在推拿的过程中，需要选取相应的穴位进行手法操作。

2.4.2 小小穴位作用大

穴位有沟通表里的作用。人体内在脏腑气血的病理变化能够反映于体表的穴位，相应的穴位会出现压痛、酸楚、麻木、结节、肿胀、变色、丘疹、凹陷等反应，穴位的这些病理反应可以帮助诊断疾病。穴位更重要的作用是调理疾病，通过针刺、艾灸、推拿等刺激相应穴位，可疏通经络，调节脏腑气血，达到调理身体的目的。

❶ 近治作用

近治作用是指通过作用于该穴位，能治疗该穴位所在的部位及其邻近组织、器官的局部病症。这是一切穴位主治作用具有的共同特征。

❷ 远治作用

在十二经脉和任督二脉的穴位中，尤其是十二经脉在肘及膝关节以下的穴位，不仅能够治疗局部病症，还可以治疗本经循行所及的远隔部位的组织器官病症，甚至会影响全身的功能。比如热疗合谷穴，不仅可以缓解上肢病，还可以缓解颈部及头面部疾患，对外感发热效果也很好；热疗足三里穴不仅可以缓解下肢病，而且对调整消化系统功能，甚至对人体的防卫免疫反应等都具有一定的促进作用。

2.5 特色蜂蜡疗法常用穴区及主治作用

特色蜂蜡疗法的施术部位面积大，以腧穴为中心，多由数个腧穴组成一个治疗穴区，然后确定蜡疗部位的宽度与长度为施术范围。所以，根据腧穴的穴性与主治作用选穴，结合配穴组成一个穴区，用于临床各种疾病的治疗。现将常用穴区介绍如下（各穴区蜡块覆盖区域大小以中等身材成年人的体表区域计量，不同年龄与身材可酌情变更大小，以蜡块能充分覆盖该穴区为宜）。

2.5.1 头面颈项部

❶ 眉上穴区

穴区组成：由阳白、鱼腰、攒竹、丝竹空组成，约长7厘米、宽3厘米的区域。

功效：散风通络，清利头目。

主治：头额痛、眉棱骨痛、头晕目眩、眼瞤动、眼睑下垂，口眼㖞斜等。

❷ 四白穴区

穴区组成：由承泣、四白、迎香、巨髎组成，约长4厘米、宽3.5厘米的区域。

功效：祛风散邪，通经活络。

主治：面部神经麻痹、三叉神经痛等。

❸ 耳前穴区

穴区组成：由耳门、听宫、听会、下关、上关组成，约长4厘米、宽3厘米的区域。

功效：耳门、听宫、听会有开窍聪耳之功；上关、下关有祛风泄热、通络止痛之效。

主治：耳鸣、耳聋、三叉神经痛、面神经麻痹、下颌疼痛、牙痛、牙关紧闭等。

❹ 面频穴区

穴区组成：由地仓、大迎、颊车、下关组成，约长8厘米、宽7厘米的区域。

功效：祛风活络，通经开关。

主治：面瘫、面痛、腮腺炎、牙痛、牙关紧闭等。

❺ 颈部穴区

穴区组成：由颈1～7督脉线、哑门及颈1～7夹脊穴组成，约长12厘米、宽4厘米的区域。

功效：通督脉，散风通络，活血祛瘀。

主治：颈椎病、颈项强直、后头痛、肩臂痛、上肢疾病等。

2.5.2 胸腹背腰部

❶ 胸脊上穴区

穴区组成：由胸1～6督脉线、大椎、陶道、身柱、神道、灵台，胸1～6夹脊穴组成，约长18厘米、宽6厘米的区域。

功效：大椎为手足三阳、督脉之会，有通阳解表、清热解毒、镇静安神之功；陶道、身柱、灵台有宣降肺气、养心安神之效；胸1～6夹脊穴有宣肺理气、养心安神、活血通络之功能。

主治：上焦心肺疾患为主，如感冒、咳喘、惊悸、心痛及本段脊柱疾病等。

❷ 胸脊中穴区

穴区组成：由胸6~10督脉线、灵台、至阳、筋缩、中枢，胸6～10夹脊穴组成，约长12厘米、宽6厘米的区域。

功效主治：督脉的灵台、至阳、筋缩、中枢具有疏肝利胆、健脾和胃、舒筋活络之功；胸6～10夹脊穴有疏利肝胆、理气和胃之效。

主治：肝胆疾患为主，如胁肋胀痛连及胃脘、癫痫、黄疸以及本段的椎体病变等。

❸ 胸脊下穴区

穴区组成：由胸9～12督脉线、筋缩、中枢、脊中、悬枢，胸9～12夹脊穴组成，约长9厘米、宽6厘米的区域。

功效：健脾利湿，调理脾胃，舒筋通络。

主治：脾胃肠道疾患，如脘腹胀痛、胃炎、胃下垂、肠炎、泄泻、痢疾，以及本段的椎体病变等。

❹ 腰脊穴区

穴区组成：由腰1～5督脉线、悬枢、命门、腰阳关，腰1～5夹脊穴组成，约长9厘米、宽6厘米的区域。

功效主治：悬枢、命门、腰阳关具有补肾壮阳、强腰固下、散寒通络、调经止带之功。本穴区与夹脊穴相合，主治下焦疾病，如腰痛、肾病、阳痿、遗精、痛经、月经不调、带下、淋浊以及本段的腰脊病变等。

❺ 骶脊穴区

穴区组成：由腰5～骶4督脉线、腰俞、上髎、次髎、中髎、下髎穴组成，约长9厘米、宽6厘米的区域。

功效：强腰膝，通督脉，散寒利湿，舒经通络。

主治：下焦与下肢疾患，如腰骶部疼痛、下肢痿痹、男性病、妇科病、泌尿系统疾病等。

6 背俞上穴区

穴区组成：由大杼、风门、肺俞、厥阴俞、心俞、督俞组成，约长18厘米、宽6厘米的区域。

功效：大杼为骨会，可强筋骨，通经络，合风门疏散风邪，宣肺解表；肺俞为肺之背俞穴，有宣肺止咳、益气和管之功；厥阴俞、心俞为心与心包之背俞穴，可养心安神，宁心和营，合督脉宽胸理气，通络止痛。

主治：心肺系统疾患，如感冒、咳喘、心悸、心痛、胸背痛、肋间神经痛、神经衰弱等。

7 背俞中穴区

穴区组成：由膈俞、肝俞、胆俞、脾俞、胃俞组成，约18厘米、宽6厘米的区域。

功效：膈俞为血会，有利气宽胸、活血化瘀之功；肝俞、胆俞为肝胆之背俞穴，有疏肝利胆、行气通络之效；脾俞、胃俞为脾胃之背俞穴，有健脾益胃、利湿导滞之功。肝、胆、脾、胃之脏腑，在生理与病理上相互影响。诸穴相合，相互为用，对肝、胆、脾、胃气滞血瘀者更为适宜。

主治：肝、胆、脾、胃疾患，如胁肋与胃脘痛、胃炎、肝炎、胆囊炎、黄疸、水肿、泄泻等。

8 背俞下穴区

穴区组成：由三焦俞、肾俞、气海俞、大肠俞、关元俞、小肠俞、膀胱俞组成，约长20厘米、宽6厘米的区域。

功效：三焦俞通利三焦，利水消肿；肾俞益肾壮阳，强腰利水；气海俞、关元俞培元固本，调理下焦；膀胱俞通利水道。

主治：下焦疾患，如虚劳、腰痛、泄泻、遗精、遗尿、尿闭、月经不调等症，亦常用于治疗泌尿系炎症、膀胱与尿道炎症、盆腔炎症、性功能障碍等。

9 膻中穴区

穴区组成：由中庭、膻中、玉堂、紫宫组成，约长11厘米、宽6厘米的区域。

功效：中庭理气宽胸，和胃降逆；膻中为心包经的募穴，八会穴之气会，有调整心脏功能、理气活血、宽胸利膈之效。

主治：胸痛、心痛、咳嗽、气喘、呕吐、呃逆等。

⑩ 期门穴区

穴区组成：由期门、日月组成，约长7厘米、宽6厘米的区域。

功效：期门为肝之募穴，日月为胆之募穴，具有疏肝利胆、通经止痛之功。

主治：肝胆疾患、肋间神经痛、痞块、鼓胀等。

⑪ 章门穴区

穴区组成：由章门、京门组成，约长10厘米、宽6厘米的区域。

功效：章门为脾之募穴，八会穴之脏会，京门为肾之募穴。两穴合用可调整脾、肾之功能，并可利水止泻，通络止痛。

主治：腰痛、胁痛、腹胀、痞块、水肿、泄泻、小便不利等。

⑫ 中脘穴区

穴区组成：由上脘、中脘、建里、下脘、腹通谷、阴都、石关、商曲组成，约长10厘米、宽6厘米的区域。

功效：任脉之中脘为手太阳、手少阳、足阳明、任脉之会，胃之募穴，八会穴之腑会，能调节胃功能，促进胃与十二指肠炎症吸收及溃疡愈合，是治胃病之要穴。其与上脘、下脘、建里穴相合，具有健脾和胃、理气止痛、消食降逆之功。足少阴肾经在腹部的腧穴腹通谷、阴都、石关、商曲与以上四穴相对，加强了调理脾胃、理气散瘀之功。本穴区2条经脉、8个腧穴，涉及整个胃部，是治疗胃病的重要穴区。

主治：胃脘胀痛、胃炎、胃及十二指肠球部溃疡、呕吐、泄泻、消化不良等。

⑬ 神阙穴区

穴区组成：由神阙、水分、阴交、天枢组成，约长6厘米、宽9厘米的区域。

功效：神阙位于脐部，血液循环丰富，药物易于渗透吸收，具有回阳固脱、调理肠胃之功。其与水分、阴交相配，有良好的温补下焦、健脾利水之效。天枢为大肠的募穴，可调理肠道气机、有止泻、通便的双向作用。

主治：中风脱证、休克、腹泻、水肿、带下、崩漏等。

⑭ 关元穴区

穴区组成：由气海、石关、关元、中极、曲骨组成，约长11厘米、宽6厘米的区域。

功效：以上穴位均在脐下任脉线上，具有温补下焦、培本固元之功，是人体重要的补益强壮穴位，可提高机体的免疫力，调整肠功能与肾功能。石关为三焦之募穴，关元为足三阴经、任脉之会，又是小肠之募穴。中极为膀胱经之募穴，有固精、利尿、止带之效，对泌尿、生殖系统有调节作用。

主治：虚劳、阳痿、遗精、小便不利、水肿、月经不调、前列腺炎、盆腔炎、附件炎等。

⑮ 腹股穴区

穴区组成：由气冲、夹阴、冲门组成，约长11厘米、宽6厘米的区域。

功效：以上穴位下有腹壁、髂动静脉与髂腹股沟神经分布，深层有精索（男）或子宫圆韧带（女）经过，有疏通经脉、清利湿热、活血化瘀之功，又可促进血液循环，调节盆腔内器官的神经功能，起综合治疗作用。

主治：少腹及腹股沟疼痛、前列腺炎、盆腔炎、精索与睾丸炎症、男性不育、子宫脱垂、疝气等。

⑯ 带脉穴区

穴区组成：由五枢、维道、带脉组成，约长12厘米、宽6厘米的区域。

功效：带脉者，环绕腰腹部一周，经过十四椎，交会于足少阳胆经的带脉、五枢、维道三穴，其功用为“总束诸脉”，健运腰腹与下肢。腰腹者，为胞宫和下焦之位，可固摄下元，通冲、任两脉，与男女生殖器官的关系尤为密切。

主治：腰胁痛、侧腹痛、经闭、月经不调、带下、子宫脱垂、疝气、男性病等。

2.5.3 手足四肢部

① 肩上穴区

穴区组成：由肩髃、巨骨、肩井组成，约长12厘米、宽6厘米的区域。

功效：肩髃为手阳明经、手足太阳经、阳维脉之会；巨骨为手阳明经、阳跷脉之会；肩井为足少阳经在肩部的腧穴。三穴均在肩部，具有祛风通络、理气止痛之功。

主治：肩部疾患，如肩周炎、颈椎病引起的颈肩疼痛等。

② 肩前穴区

穴区组成：肩前穴区约长11厘米、宽6厘米的区域。

功效：祛风通络，行气止痛。

主治：肩臂痛、臂不能举等。

③ 肩后穴区

穴区组成：由肩贞、肩髎、臑会组成，约长12厘米、宽6厘米的区域。

功效：肩贞属手太阳小肠经；臑会亦属手太阳小肠经，为手太阳经、阳维脉、阳跷脉之会；肩髎属手少阳三焦经。三穴均在肩后方，具有祛风通络、活血止痛之功。

主治：肩臂痛、肩周炎、臂重不能举、上肢瘫痪等。

4 肩胛后穴区

穴区组成：由肩中俞、肩外俞、秉风、曲垣、天宗组成，约长16厘米、宽8厘米的区域。

功效：本区五穴均属于手太阳小肠经，均在肩胛后背，具有宣肺理气、祛风活血、通络止痛之功。

主治：肩胛、肩臂、颈项、后背疼痛，喘咳等。

5 肩臂穴区

穴区组成：由肩髃、臂臑组成，约长12厘米、宽6厘米的区域。

功效：祛风通络，活血止痛。

主治：肩臂痛、上肢痹证、痿症、瘫痪等。

6 曲池穴区

穴区组成：由曲池、肘髎、手三里组成，约长12厘米、宽6厘米的区域。

功效：曲池为手阳明大肠经之合穴，配同经之肘髎、手三里，具有疏风清热、调气和中、降逆通络之功。

主治：肘臂麻木疼痛、感冒、中风、高血压、牙痛、面颊肿痛或麻痹等。

7 二泽穴区

穴区组成：由尺泽、曲泽组成，约长6厘米、宽5厘米的区域。

功效：尺泽为手太阴肺经之合穴，具有清肺舒筋之功；曲泽为手厥阴心包经之合穴，具有清心泄热开闭之效。

主治：胸痛、心痛、肺热咯血、心热烦渴、咽喉肿痛、小儿惊风、肘臂挛痛、屈伸不利等，对肺、心病有一定的治疗作用。

8 二海穴区

穴区组成：由少海、小海组成，约长6厘米、宽5厘米的区域。

功效：少海为手少阴心经之合穴，小海为手太阳小肠经之合穴，互为表里，有养心安神、活血通络之功。

主治：心痛、神经衰弱、精神分裂症、耳鸣耳聋、网球肘等肘关节疾病。

9 外关穴区

穴区组成：由外关、支沟、三阳络、会宗组成，约长7厘米、宽5厘米的区域。

功效：外关为手少阳三焦经穴，别走厥阴，八脉交会穴之一，通于阳维；支沟为手少阳三焦经穴；会宗为手少阳之郄穴；三阳络通于手臂之络。诸穴合用，具有清泻三焦、疏利腑脯、通经活络之功。

主治：热病头痛、耳鸣耳聋、肋间神经痛、手臂痹痛、麻木无力等。

⑩ 腕背穴区

穴区组成：由外关、阳池、阳溪、阳谷、养老组成，约长7厘米、宽5厘米的区域。

功效：外关、阳池分别为手少阳三焦经之络穴与原穴；阳谷、养老为手太阳小肠经之经穴与郄穴；阳溪为手阳明大肠经之经穴。五穴均在手腕部或邻近，是手三阳经特定穴的集聚之处，具有清利头目、舒筋活络之功。

主治：头痛、耳鸣耳聋、咽喉肿痛、腕臂疼痛等，是治疗腕关节病症的重要穴区。

⑪ 内关穴区

穴区组成：由内关、大陵、间使、郄门组成，约长13厘米、宽5厘米的区域。

功效：内关为手阙阴心包经的络穴，八脉交会穴之一，通阴维脉；大陵为手厥阴心包经之腧穴与原穴；间使与郄门为手厥阴心包经之经穴与郄穴。诸穴合用，具有宁心安神、宽胸理气、活血化瘀、通络止痛之功。

主治：心痛、心悸、癫狂、手臂与手腕疼痛及功能性活动障碍，是治疗心血管疾病与神经系统疾病的重要穴区。

⑫ 神门穴区

穴区组成：由神门、阴郄、通里、灵道组成，约长3米、宽3厘米的区域。

功效：神门为手少阴心经之腧穴、原穴；阴郄、通里、灵道分别为手少阴心经之郄穴、络穴、经穴，具有宁心安神、通经活络之功。

主治：心痛、心悸、心律失常、神经衰弱、癔症、盗汗等。

⑬ 合谷穴区

穴区组成：由合谷、阳溪组成，约长6厘米、宽2厘米的区域。

功效：具有疏散风热、通络止痛之功。

主治：外感风寒与风热袭表证、头痛、牙痛、咽喉肿痛、口眼㖞斜、耳鸣耳聋、各种痛症等。

⑭ 手指穴区

穴区组成：由商阳、二间、三间、合谷、少泽、前谷、后溪、腕骨、关冲、液门、中渚组成，约长13厘米、宽9厘米的区域。

功效：泄热镇惊，清利头目，通经活络。

主治：头痛、耳鸣耳聋，手指与手背关节疼痛、屈伸不利、麻木无力、关节变形等。

⑮ 指掌穴区

穴区组成：由少商、鱼际、少冲、少府、中冲、劳宫组成，约长16厘米、宽9厘米的区域。

功效：宁心安神，活血通络，醒神开窍。

主治：手指与手掌关节疼痛、屈伸不利与麻木变形等。

16 环跳穴区

穴区组成：由环跳、居髎组成，约长15厘米、宽6厘米的区域。

功效：环跳为足少阳、足太阳之会；居髎为足少阳、阳跷之会，均属足少阳经，循行于股骨大转子区域，有祛风通络、强健腰腿之功。

主治：腰腿痛、坐骨神经痛、股骨头坏死、梨状肌综合征、偏瘫等。

17 风市穴区

穴区组成：由风市、中渎组成，约长15厘米、宽6厘米的区域。

功效：风市、中渎为足少阳胆经在股外侧中线上的腧穴，具有祛风除湿、通经活络之功。

主治：下肢痿痹、半身不遂、风疹瘙痒、脚气等。

18 血海穴区

穴区组成：由血海穴及周围区域组成，约长5厘米、宽5厘米的区域。

功效：血海具有理血调经、祛风止痒之功。

主治：各种血瘀或血虚之证、月经不调、痛经、闭经、皮肤瘙痒、各种痛症等。

19 膝外穴区

穴区组成：由膝阳关、阳陵泉、梁丘组成，约长15厘米、宽6厘米的区域。

功效：膝阳关是足少阳胆经在膝外侧的腧穴；阳陵泉为足少阳胆经之合穴，八会穴之筋会；梁丘为足阳明胃经之郄穴。诸穴合用，具有祛风湿、利关节、舒筋脉、和胃利胆之功。

主治：膝关节疼痛、下肢瘫痪、麻木拘挛胃痛、胆囊痛等。

20 膝前穴区

穴区组成：由内膝眼、外膝眼、鹤顶组成，约长12厘米、宽8厘米的区域。

功效：祛风湿，利关节，舒筋脉。

主治：膝关节疼痛、足膝无力瘫痪等。

21 膝内穴区

穴区组成：由膝关、曲泉、阴陵泉、血海组成，约长15厘米、宽6厘米的区域。

功效：膝关是足厥阴肝经在膝内侧之腧穴；曲泉亦在膝内侧，为足厥阴肝经之合穴；阴陵泉为足太阴脾经之合穴，与血海同在膝内侧之上下。诸穴合用，具有散风除湿、通经活络、舒利筋脉、健脾理血之功。

主治：膝关节疼痛、痛经、阴中痛、尿闭等。

22 膝后穴区

穴区组成：由委中、委阳、阴谷组成，约长1m、宽5m的区域。

功效：委中为足太阳膀胱经的合穴与下合穴；委阳为手少阳三焦经的下合穴，足太阳膀胱经之别络；阴谷为足少阴肾经之合穴。三穴均为合穴，同在膝后腘窝部，具有补益脾肾、舒筋活络、通利三焦之功。

主治：腰膝疼痛、屈伸不利、阳痿、尿闭、月经不调等。

23 丰隆穴区

穴区组成：由丰隆、条口、下巨虚组成，约长4厘米、宽2厘米的区域。

功效：具有健脾利湿、化痰理气、调和肠胃之功。

主治：各种痰证，如咳嗽痰多、头痛、耳聋、癫狂、痫证、下肢痿痹、腹胀、便秘等症。

24 胆囊穴区

穴区组成：由阳陵泉、胆囊组成，约长8厘米、宽5厘米的区域。

功效：阳陵泉与胆囊穴相合，可疏利肝胆，促进胆囊与胆管收缩与胆汁分泌。

主治：胆病，如胆囊炎、胆绞痛、黄疸等。

25 胃肠穴区

穴区组成：由足三里、上巨虚、条口、丰隆、下巨虚组成，约长19厘米、宽6厘米的区域。

功效：足三里、上巨虚、下巨虚分别为胃、大肠、小肠之下合穴，能调理胃肠功能，促进胃肠蠕动；丰隆、条口可化痰通络。诸穴合用，具有扶正祛邪、调和胃肠、理气和中、舒筋活络、化痰降逆之功。

主治：胃痛、腹痛、脘腹胀满、呕吐、泄泻、下肢痿痹、虚劳诸症。

26 阴陵泉穴区

穴区组成：由阴陵泉、地机、漏谷组成，约长19厘米、宽6厘米的区域。

功效：三穴均是足太阴脾经的腧穴，走行于小腿内侧。诸穴合用，有健脾利湿、调经理血之功。

主治：妇科疾病，如月经不调、痛经、子宫功能性出血、更年期综合征、附件炎、不孕症等，亦治阳痿、遗精、水肿等。

27 绝骨穴区

穴区组成：由悬钟、阳辅、光明组成，约长11厘米、宽6厘米的区域。

功效：悬钟又名绝骨，为八会穴之髓会；阳辅为足少阳胆经之经穴；光明为足少阳胆经之络穴，别走厥阴。诸穴相合，有补益精髓、舒筋活络、利胆祛风之功。

主治：下肢痿痹、筋骨挛痛、骨髓炎、腓肠肌痉挛、腓神经损伤与疼痛、偏头痛、目疾、肋间神经痛等。

28 三阴交穴区

穴区组成：由三阴交穴及周围区域组成，约长5厘米、宽5厘米的区域。

功效：三阴交为肝、脾、肾三经之交会穴，具有健脾利湿、补益肝肾之功。

主治：消化系统疾病、泌尿生殖系统疾病、妇科疾病，如腹胀泄泻、消化不良、月经不调、痛经、闭经、崩漏、水肿、带下等。

29 小腿后穴区

穴区组成：由承山、飞扬、跗阳组成，约长10厘米、宽7厘米的区域。

功效：三穴为足太阳膀胱经在小腿后侧的腧穴，飞扬为足太阳之络穴，跗阳为阳跷之郄穴。诸穴合用，有祛风胜湿、舒筋活络、通络止痛之功。

主治：小腿后侧疼痛、霍乱转筋、下肢瘫痪、痿痹不仁等。

30 外踝穴区

穴区组成：由昆仑、仆参、申脉、金门组成，约长13厘米、宽5厘米的区域。

功效：昆仑穴为足太阳膀胱经之经穴；仆参为足太阳、阳跷之会；申脉为八脉交会穴，通于阳跷脉；金门为足太阳之郄穴。诸穴合用，有祛风通络、舒利筋骨、清利头目之功。

主治：下肢痿痹、踝关节疼痛、跟骨痛、癫痫、头痛等。

31 内踝穴区

穴区组成：由太溪、大钟、水泉、照海、然谷组成，约长13厘米、宽5厘米的区域。

功效：太溪为足少阴肾经之腧穴、原穴；大钟为足少阴肾经之络穴，别走太阳；水泉为足少阴肾经之郄穴；照海为八脉交会穴，通于阴跷；然谷为足少阴肾经之荥穴。诸穴合用，有补肾滋阴、调经利水、通络止痛之功。

主治：足踝与足跟部疼痛、下肢痿痹、脚气、阳痿、遗精、月经不调、小便淋沥等。

32 足背趾穴区

穴区组成：由解溪、冲阳、陷谷、内庭、厉兑、足窍阴、侠溪、地五会、足临泣、束骨、足通谷、至阴、大敦、行间、太冲组成，约长19厘米、宽6厘米的区域。

功效：清利头目，泄热镇惊，祛风胜湿，疏经通络。

主治：足背趾疼痛与麻木不仁、下肢痿痹、头痛、眩晕、痫证、中风、末梢神经炎、痛风等。

33 足底穴区

穴区组成：由涌泉、足底阿是穴组成，约长12厘米、宽6厘米的区域。

功效：涌泉为足少阴肾经之井穴，足底阿是穴分布于足底各部。诸穴合用，具有补肾壮骨、舒筋活络、醒神开窍之功。

主治：足底痛、足心热、足底冰凉、头痛、头晕、癫痫、昏厥等。

2.6 蜂蜡疗法适应证与禁忌证

2.6.1 适应证

（1）骨病：腰椎间盘突出、颈椎病、抽筋、坐骨神经痛、骨质增生等。

（2）风湿：风湿性关节炎、类风湿关节炎、腰肌劳损、肿痛等。

（3）肠胃：肠鸣、胃胀、胃寒、胃脘疼痛、便秘、腹泻等。

（4）妇科：宫寒、痛经、月经不调、乳腺增生、产后综合征、手脚冰凉、盆腔炎、附件炎等妇科疾病。

（5）男科：前列腺炎，对性功能低下者有恢复和治疗作用。

（6）美容：护肤、除皱、淡斑、抗衰老，增加皮肤吸收功能，加快代谢，明显改善女性面部黄褐斑、皮肤粗糙、皮肤松弛等。

（7）减肥：除湿塑形，被动式运动。

（8）疑难杂症：皮肤瘙痒、神经性皮炎、静脉曲张、湿疹、带状疱疹、硬皮病、痛风等。

（9）心脑血管神经系统：神经性头痛、眩晕、神经衰弱、脑供血不足、周围性面瘫、眼眶神经痛等。

（10）眼科：夜盲症、眼角膜炎、沙眼、眼睛发痒、迎风流泪、目赤肿痛等。

（11）呼吸系统：鼻炎、慢性鼻窦炎等。

（12）术后疼痛：术后组织器官粘连、疼痛、发痒等。

（13）炎症：肩周炎、胃炎、骨膜炎、十二指肠溃疡、结肠炎、小腹疼痛、胸膜炎、盆腔炎、胆囊炎等。

（14）外伤性：肌肉、肌腱和韧带扭伤和挫伤，肢体麻木、软组织损伤等。

2.6.2 禁忌证

（1）处于月经期、孕期者。

（2）患有严重心脏病、高血压、癫痫病者。

（3）有心脏起搏器者。

（4）体内有钢板者。

（5）患传染性疾病、皮肤有创伤者。

（6）皮肤有大面积烧烫伤者。

（7）饮酒、过饥、过饱、过度兴奋、过度疲劳时不宜立即进行蜂蜡疗。

（8）手术初愈后。

（9）高热、恶性肿瘤、温热感觉障碍者、血液循环障碍者。

（10）心力衰竭、肾衰竭者。

（11）有化脓性或厌氧菌感染、感染性皮肤病者。

（12）有结核病、脑动脉硬化、甲状腺功能亢进、出血及有出血倾向的疾病。

2.7 蜂蜡疗法优势与注意事项

2.7.1 优势

❶ 易于学习掌握

蜂蜡疗法治疗部位以相关穴位组成的区域为主，不像针刺取穴要求那么高。针刺讲求一定的手法，注重补泻，而蜂蜡疗法只有几种不同的操作方法适用于不同的部位或病症，易于学习掌握，适合基层单位普及、应用和城乡家庭使用自疗。

❷ 设备要求简单

蜂蜡疗法不需要复杂的医疗器械和现代医学的检查诊断设备，只需蜂蜡专用恒温熔蜡锅和蜡布塑形恒温柜、毛刷等一些简单器具，在家也可以进行治疗。

❸ 患者易于接受

很多患者因为喝药困难或者脾胃虚弱喝药效果不佳想接受中医外治疗法。相对于针刺等治疗，蜂蜡疗法无疼痛感，较舒适，患者易于接受。

4 治疗范围广，疗效显著

蜂蜡疗法可治疗骨伤科、外科、神经科、内科、皮肤科、妇科、儿科等疾病，治疗范围广泛，临床疗效显著。对于急症可迅速消肿、止痛，缓解病情；对于慢性疾病，进行规范的疗程治疗，往往有明显的临床效果。

5 安全可靠

蜂蜡疗法只要控制好温度、定时消毒，相比其他外治疗法要安全可靠。蜂蜡疗法操作简单易掌握，不需担心针刺治疗时可能出现的弯针、折针、滞针等事故，患者被治疗时的顾虑较小。

2.7.2 注意事项

做蜂蜡疗前必须诊断清楚，并且熟悉蜂蜡疗法的适应证，不清楚病情和病因而盲目做蜂蜡疗是危险的，容易耽误病情。

3 蜂毒的临床应用

3.1 蜂毒疗法适应证

蜂毒制剂是从民间药发展起来的，它的应用历史已有几个世纪了。近40多年来，应用蜂毒的国家和使用蜂毒治疗的病种日渐增多。蜂毒疗法已为更多的人所熟悉。来自欧洲、亚洲以及其他一些国家的大量医药资料表明，蜂毒能够治疗多种疾病。但部分人对蜂毒有过敏现象，稍有疏忽，就会酿至严重的后果。多年的临床实践已证明，皮试阳性、心衰、肾衰、血小板低、凝血功能障碍、孕妇等是蜂毒疗法的禁忌人群[10]，对此不加注意，治疗效果会适得其反。根据文献报道，现将蜂毒的适应证叙述如下。

3.1.1 过敏性疾病

应用蜂毒治疗免疫性疾病已有悠久的历史，从1864年鲁阔姆斯基发表第一篇关于蜂毒治疗风湿症的论文开始，许多无法医治的风湿症患者都通过蜂毒疗法治愈。1888年，鲁多尔夫·特尔什报告了173例风湿症病人经用蜂螫而痊愈的事例，而后，特尔什发表了例数更多的临床报告，经其蜂螫治疗666例的患风湿症的病人中，有554人痊愈，99人显效，只有17人治疗无效，其中后两类病人包括进行性的或未完成疗程的病人。

自18世纪以来，关于蜂毒治疗风湿症的报告已经屡见不鲜[11]，至今尚未见一例否定蜂毒对风湿症疗效的报告。这些疗效报告引起了临床学者们的关注，因而接受蜂螫疗法的病人越来越多。近几十年来，在国外许多学者报告了蜂毒对各种免疫性疾病，如急性风湿性关节炎、慢性风湿性关节炎、支气管哮喘、荨麻疹[12]、血管神经性水肿、血管舒张性鼻炎、痉挛性结肠炎等都非常有效。临床观察证明，如将蜂毒和抗炎症激素合并治疗过敏性疾病，其疗效强于单独用其中某一种药物。如将蜂毒进行针灸穴位注射或者与其他理疗并用，对极难医治的类风湿性关节炎和顽固性荨麻疹也有良好的治疗作用[11]。例如，文献材料中介绍一例髋关节疼痛5年，走路困难，阴雨天加重，经X光检查被确诊为类风湿症患者，向其阿是穴注射1毫升蜂毒，每日一次，经120天治疗后，疼痛消失，走路自如，已无跛行，关节运动机能恢复正常，血沉正常，大小便常规检查无异常改变，显效出院。

另有一例女患者，一年来自觉皮肤到处都发痒，搔后即发现长片状红斑，高隆起稍硬，各种治疗无效，诊断为慢性荨麻疹。经用6个单位蜂毒注射于合谷和血海二穴，几次注射后病情显著好转，共经15次注射，即可痊愈，随诊4个月未复发。

关于蜂毒治愈过敏性疾病的机制，许多人认为是由于其增强了肾上腺皮质的功能，使抗炎症皮质激素分泌增加[13]。

某些研究认为，风湿症患者的关节液中，构成透明质酸的葡萄糖醛酸和*N*-乙酰氨基葡萄糖结构均受到破坏，表现为关节液增加，失去润滑作用。蜂毒对此病进行治疗时，其中某种酶可使葡萄糖醛酸和*N*-乙酰氨基葡萄糖的结构恢复正常，逐渐使关节液的性质得到恢复，疾病得到治愈[14-17]。

从上述蜂毒药理作用看来，蜂毒抗炎作用是多方面的。目前之所以未能推广这种疗法，原因有二：一是活蜂不是到处和随时可得的，二是蜂毒制剂因制法有问题，不能为临床提供疗效可靠和效价稳定的制剂。

3.1.2 神经炎和神经痛

国内外的临床报告材料显示，蜂毒对神经炎和神经痛的疗效非常显著[18-21]。国外已广泛应用蜂螫和蜂毒制剂治疗这两类神经疾患。

索科洛夫观察了蜂毒制剂对51名急性和慢性脊神经根炎病人（急性5人，

慢性46人）的疗效，有的慢性病人病期长达数年，全部病人皆用过药物治疗和物理疗法，但均无显著疗效。用蜂毒制剂皮下注射（每日每次0.5毫升）于腰部或坐骨神经的某一个痛点处，急性病人注射总量为1～2.5毫升，慢性病人为5～15毫升。疗程结束后，43名病人痊愈，4名明显好转，4名症状改善，2名复发。蜂毒制剂是治疗周围神经系统疾病的有效药物。

蜂毒对各种神经根炎（脊神经根炎、蛛网膜脊神经根炎、脊神经根炎神经病、蛛网膜脊神经根炎神经病等）也有良好的疗效[22-27]。此类病人经蜂毒治疗后，随病情的好转，病人血液中铜离子浓度降低，这种生化学上的改变可作为此类病人好转的指标。至于血液中铜离子浓度改变在神经根炎病理过程的意义，目前尚不清楚。

近些年来，国内外临床工作者亦将蜂毒用于神经痛（三叉神经痛和坐骨神经痛）的治疗，取得了显著疗效[18]。因为，目前临床尚缺少对这类疾病有效的治疗方法，而且蜂毒对神经痛及神经炎的治疗原理尚不明确，需进一步研究。以下为蜂毒疗法治疗神经炎和神经痛的病例。

（1）患者×××，女，35岁，左面部发作性剧痛月余，言语、食欲、刷牙、洗脸均受影响，药物治疗无效，确诊为三叉神经痛，用蜂毒4个单位取压痛点及太阳、合谷二穴注射，1次注射后疼痛减轻，2次后疼痛基本消失，3次后即痊愈。3个月未见复发（据姚安晋报告）。

（2）患者××，男，36岁，1938年8月2日由于脊神经根炎病情加重而入院。腰部和左腿沿坐骨神经处有剧痛、跛行。触诊发现第五腰椎部分有压痛，走动受限制，特别是向前方行进时困难。沿左边坐骨神经过度过敏，大量出汗。尿、血和脊髓检查正常，腰部X线像无显著变化。治疗方法：在最痛的地方用蜂毒制剂作皮下注射，经过6次注射后，疼痛明显减轻，身体恢复。

3.1.3 心血管疾病

蜂毒能降低血压，故用蜂毒治疗高血压（原发性高血压或症状性高血压）的临床报告已有很多。因蜂毒对机体代谢有影响，如降低血中胆固醇的浓度，减低血液的黏滞性和凝固性，蜂毒对某些代谢病（如动脉粥样硬化）以及周围血管病（静脉血栓形成、血栓性静脉炎、动脉内膜炎）都有良好的治疗作用[28]。

蜂毒制剂治疗高血压和动脉粥样硬化的方法为每天皮下注射0.5～1.0毫升，共18～30天。可使病人头痛消失，睡眠和情绪改善，血压下降，血胆固醇水平降低。

在国内，姚慈幼曾用蜂毒治疗48名高血压患者，结果13人痊愈，28人效果良好，4人症状有改善，1人无效，余2人未能完成疗程，有效率为93.7%。如将蜂毒和其他降压药物合并使用，治疗效果会提高[29]。

近十几年来，临床数据显示蜂毒对动脉内膜炎的治疗效果令人满意。根据20世纪60年代苏联作者的临床报告，蜂毒制剂或直接蜂蜇疗法对动脉内膜炎的有效率可达90%以上，尤其对一期或二期病症的疗效更好。此外，蜂毒对心绞痛和心肌梗死也有较好的疗效。沙林尼阔夫曾报告，用蜂毒制剂治疗43名心绞痛及13名心肌梗死病人，结果除2人因发生血压过低现象停止治疗外，其余全部治愈或好转。

目前，国内外学者均认为，心血管疾病是蜂毒疗法首选适应证。蜂毒治疗心血管疾病的机制可能与其降低血压和调节胆固醇的代谢以及其对中枢神经系统的作用有关[30]。病例如下。

×××，男，40岁，因患高血压而停止工作，各种药物治疗均无效，血压210/120毫米汞柱，经30次蜂毒疗法后（总计197单位的蜂毒），血压下降至142/90～145/82毫米汞柱，观察2年血压无改变。

3.1.4 胃及十二指肠溃疡

蜂毒用于胃病及十二指肠溃疡治疗已有许多报告[31-34]。苏联学者报告，于治疗开始后，病人消化液分泌下降，但总血清蛋白明显增加，甚至超过原来水平，特别是α和β球蛋白显著增加。其治疗溃疡的机制与其镇痛和改善胃肠系统的血液循环以及抑制胃酸分泌有关[35]。

3.1.5 皮肤病

因蜂毒有杀菌及改善病理组织的血液循环、调整代谢的作用，所以其对有菌性炎症和某些因营养及代谢障碍所引起的皮肤溃疡都有良好的治疗作用。许多临床观察表明，蜂毒疗法对营养性溃疡疗效显著。它可以改善肉芽组织的代谢过程，使陈旧的肉芽组织“返老还童”，促进溃疡的愈合。此外，蜂毒对迟缓愈合性创伤、慢性湿疹、皮肤结核等疾病的疗效亦很显著。

约里什在《蜂蜜和蜂毒的医疗效能》一书中，曾生动地记述一位患皮肤结核的患儿，该患儿皮肤结核已有5年，有一天染病颊部被蜂蜇伤，不久环绕被蜇点的皮肤颜色变淡。从此以后，便给小孩用蜂毒治疗，不久染病颊部逐渐恢复正常颜色，治疗6个月后，便获痊愈。

3.1.6 其他疾病

蜂毒疗法除对上述各类疾病具有较好的治疗作用外，国内外许多临床工作者还认为蜂毒对如下病种：结节性红斑、原发性血小板减少性紫癜、过敏性紫癜、癫痫、颜面神经麻痹、白细胞减少症、外伤性神经痛、扭伤性椎关节粘连、椎关节强硬、畸形性多关节炎、震颤性麻痹、梅尼埃病、脊髓灰质炎后遗症、髋骨损伤、脊髓痨、布鲁氏菌病以及梅毒等，都有一定的疗效。

3.1.7 蜂毒疗法的禁忌

蜂毒治疗的病种甚多，对某些疾病的治疗效果确实很好，但它并不是治疗一切疾病的万能药。儿童和老人对蜂毒治疗非常敏感。关于孕妇接受蜂毒治疗时，对胎儿的发育是否有影响，目前虽未正式提出异议，但有些动物实验结果应该引起人们重视，如将蜂毒注入鸡蛋后，使孵化后的鸡雏发生各种各样的畸形。另外，一些学者报告，蜂毒对大鼠胎儿的发育可能有不良影响。

许多临床工作者一致提出下列疾病为蜂毒疗法的禁忌：性病、代偿失调期的心血管系统疾病、严重传染病、肾脏病（肾炎、肾病变）、肝炎、胆囊炎、糖尿病、有出血倾向的疾病、恶病质、全身虚弱以及中枢神经系统的器质性疾病。

结核病曾被认为是蜂毒疗法的禁忌，但目前看来值得商榷。我国学者曾对兼有浸润性肺结核和风湿症的患者，在并用抗痨药物的同时，施用了蜂毒疗法，并未见其结核病恶化，且获得了良好的抗风湿效果；甚至在并用青霉素的同时，应用蜂毒亦使合并2期隐性梅毒的风湿性关节炎患者得到了治愈[36]。

在约里什的著作中，他认为动脉粥样硬化是蜂毒疗法的禁忌。但今天看来，这种论点并不合适。许多临床实践证明，蜂毒对动脉粥样硬化的效果很好，不但能改善病人的诸多种症状，亦使血中胆固醇含量明显降低。

3.2 蜂毒的剂量和治疗方法

目前还未完全清楚蜂毒治疗各种疾病的化学成分。另外，蜜蜂的产毒量和毒汁的化学成分随蜜蜂的发育、季节、蜜源植物的不同都会有变化，目前还没有一种科学鉴定蜂毒效价的方法。现在普遍采取的方法是将一只蜂的排毒量作为一个治疗单位

（0.2～0.4毫升），剂量的大小主要根据病人的耐受程度和病情变化，因而各位患者所用的剂量有时相差很大。

将蜂毒导入体内的方法有多种，但无论采用哪种治疗方法，均可用蜂毒制剂行皮下注射法检查病人的敏感性，第一次0.25毫升，以后每次增加0.25毫升，每日1次，连做3日。尿检查，如无明显过敏症状，才可进行蜂毒疗法。

3.2.1 蜂螫疗法

蜂螫疗法是非常古老的方法。几个世纪之前，一些国家就采用蜜蜂直接螫刺的方法治疗风湿热，到现在这种方法仍不失其治疗价值和应用的可能。国内外许多学者都认为，直接蜂螫法比蜂毒其他疗法的疗效显著。学者们认为蜂毒疗法的治疗作用是种反射机制，挥发性物质起着重要的作用，这些容易逸散的物质，在收集蜂毒加工制成注射剂的过程中已经损失，而蜂螫能使毒液的全部物质都进入体内或许这就是蜂毒注射剂往往不如螫刺疗效显著的原因。

蜂螫疗法操作：经生物实验认为适于治疗者，在治疗前将受螫部位用温水和肥皂水洗净，勿用酒精揉擦，螫刺是按指定的部位，用手或镊子夹住蜜蜂放到选定的皮肤上，被激怒了的蜜蜂立刻将螫针刺入皮肤，蜜蜂飞走后，将其螫针和螫刺器官留下，并继续收缩4～5分钟，直到毒素排空为止。因此应在毒液全部注入组织后，再拔出螫针。

使用蜂螫疗法的剂量和疗程需按下述程序进行：第一日用1只蜂螫刺，第二日用2只……每日增加1只，至第十日用10只。这便是第一个疗程。共计55次螫刺。休息4～5天后，每日再用3只蜜蜂按指定部位螫刺，连续治疗6个星期，病人共接受140～150只蜂螫。如果经此两个疗程仍不痊愈或者无显著疗效，应停止使用蜂螫疗法。

我国学者对蜂螫疗法的研究有了新的发展，将其同传统针灸相结合。根据病情选出适宜的穴位或痛点进行螫刺，于螫刺半分钟后将活蜂去掉，整针留在穴位（或痛点）5分钟后拔出。每一穴位可用1～3个单位，每一日或隔1～2日螫刺1次，先从1个单位开始，每次可增加1个单位和1个穴位，逐渐增加至每日10～20个单位，然后再逐渐减至3个单位作维持量，直到总量为180～200单位为止。一个疗程最多不能超过200～250单位。具体用量应视病人的情况而定，轻者10～30个单位即可，治疗日数为12～60天。重者可于停止3个月后，再行第二疗程。

一般最初几次局部反应显著，出现红肿和痒痛，2～5日消失。以后的反应逐渐减轻，多在次日消退，亦有螫后很少反应者，即当日消退。对某些恶性高血压患者及对于疼痛敏感的女性患者，先用2%的盐酸普鲁卡因做皮下注射后，再于该处行螫刺。但某些作者认为普鲁卡因的局部麻醉作用影响蜂螫的疗效，原因是影响了蜂螫所引起的反射反应，所以最好不用局部麻醉。

3.2.2 蜂毒注射法

虽然蜂螫疗法效果好，简单易行，但亦有缺点，如活蜂每次捕捉麻烦，不易保存，有时于螫刺以前，用手或镊子对蜜蜂的刺激就能使其排毒，因而再使其螫刺时，进入组织内的毒量就减少了，剂量不准确影响治疗效果。另外，某些不繁殖蜜蜂的地区，不能进行这项治疗。制成干燥的粉末状蜂毒或注射针剂，就能克服上述缺点，甚至可将干燥蜂毒寄到离蜂毒产地很远的地区。外国学者认为，皮内注射蜂毒最为有效，而国内的学者们认为，肌肉注射或皮下注射蜂毒的效果亦很显著。我国学者们亦采用了穴位和痛点注射的方法，认为效果更好，剂量同蜂螫疗法。

3.2.3 电离子透入法

蜂毒不能口服给药，因其许多成分为蛋白质，易被胃肠道内消化酶所破坏，使其功效消失。蜂毒亦不宜静脉注射，因它能导致严重的低血压。

除蜂螫疗法及蜂毒注射法外，目前看来，最好是电离子透入法，就是利用电流通过无损伤的皮肤将蜂毒带入体内的血流里。临床实践证明，同一种药物通过皮肤导入体内的方法中，以电离子透入法最为适宜。用电离子透入法施用蜂毒溶液简便易行，在所有医疗机构中都可使用。用这种方法治疗时，只能使通电的皮肤略有充血现象，没有其他不舒服的感觉。

3.2.4 蜂毒软膏

蜂毒软膏内含有蜂毒、液体石蜡和水杨酸等，通过揉擦皮肤，可经皮肤进入全身血内循环，发挥治疗作用。但这种方法蜂毒在皮肤吸收不完全，治疗效果不如注射和电离子透入法显著。国内临床工作者认为蜂毒软膏主要适于外科及皮肤科疾病的治疗。

3.3 对蜂毒的过敏现象

蜂毒治疗的优点是作用迅速、疗效显著以及它的治疗剂量与中毒剂量和致死量相差很大，因而它是很有价值的治疗性毒物。每个人对蜂毒的敏感性不同，依次是儿童和老人。除此之外，某些人对蜂螫特别敏感，只要一只蜂螫，就会立即出现严重的过敏现象，如胸部和咽喉部紧闭感、呼吸困难、面部青紫、局部水肿、严重出血、大小便失禁、口内有血性泡沫等。螫后过敏反应出现异常迅速，只几分钟或几秒钟即可出现上述症状，与一般的过敏现象非常相似。

医学文献中尚有记载，因不小心将食物和落在食物上的蜜蜂同时放入口中，招致舌头和喉头受螫，引起严重的吞咽和呼吸困难，甚至窒息。如果蜜蜂螫咬眼睛角膜，可引起严重的虹膜炎和睫状体炎，导致严重的视觉障碍。

可见蜂螫能够引起严重的后果，甚至造成死亡，必须高度重视。如果蜂毒疗法被广泛应用，预防和治疗蜂毒引起的过敏现象就更为重要。一旦过敏，必须以最快的速度送医院抢救。

3.4 蜂毒外用

在德国维尔茨堡药理研究所福斯特（K.A.Forster）指导下，马克公司生产的赋尔安平（Forapin）软膏于1934年问世。同年《慕尼黑医学周刊》发表施瓦布（Schwab）外用赋尔安平软膏治疗关节炎、肌肉风湿和坐骨神经痛患者40例获效的报告。赋尔安平软膏适用于急性和慢性风湿病、肌肉和关节疼痛、腰痛、坐骨神经痛、冻伤以及供运动员按摩用。该软膏可使接受治疗的皮肤部位温度升高，增强深部肌肉的血液循环，因而能纠正疼痛区域的缺氧状态，排出代谢的致痛性物质，使疼痛迅速消失。赋尔安平软膏含蜂毒300单位（%），烟酸苄酯1%，壬酸香荚兰酰胺0.2%，水杨酸龙脑酯3%，均匀混合于软膏基质中，软管装，每支30克。使用时将软膏涂在病变部位或有病的关节，视不同部位，涂用1～3厘米，2～5分钟后，将其完全擦去。晚间，用此剂量反复按摩。第二天用双倍剂量继续进行治疗，一天按摩1～2次。4天以后，可以隔日治疗。涂用该软膏不留脂迹，易于洗涤。每次治疗以后，用水和肥皂将手洗净。现在许多国家都有蜂毒外用药剂生产和供应。

蜂毒外用药剂通常含有软化表皮角质、刺激局部充血的成分，促使蜂毒透皮吸收。天然蜂毒所含透明质酸酶是扩散因子，亦有助于蜂毒透皮吸收。美国加拿大学者布鲁克斯（R.B.Brooks）和赛恩（J.Saine）等实验证明，蜂毒、蜂毒肽或蜂毒明肽溶于90%二甲亚砜，给猎犬外敷可使其血浆氢化可的松含量显著增加，说明透皮吸收有效。

市场常见的几种蜂毒外用产品：

3.4.1 蜂毒抑菌液

蜂毒抑菌液又称蜂毒热感针灸制剂，主要由蜂毒原液、热感剂、中草药提取物和水等组成，是具有发热感觉的一种蜂毒制剂。蜂毒抑菌液主要利用热感剂（如香兰基丁醚）作为催化剂，促进蜂毒快速穿透皮下组织，从而刺激相应穴位，起到外排寒气、疏通经络的作用，有效缓解因经络不通引起的相关症状；对皮肤表层的病菌、炎症，也有较好的抑制与杀灭效果，患者在使用时无须承受（像蜜蜂蜇刺那样）新的疼痛。这种外用蜂毒液适用于非医疗机构与家庭使用。

3.4.2 蜂毒火精油

蜂毒火精油是一种蜂毒热感剂，可以通过刮痧、按摩等手法促进吸收，达到辅助治疗各种关节炎、颈腰椎病、腰肌劳损、坐骨神经痛、骨质增生、腰椎间盘突出、强直等中老年常见慢性病，一般3～5分钟见效。

3.4.3 蜂毒草本膏

蜂毒草本膏是以电子取毒法提取的蜂毒为主药，辅以透骨草、威灵仙、独活、天南星、羌活、防风、川芎、乳香等提取物，经科学配制而成的蜂毒膏剂。草本膏主要利用热感剂作为催化剂，促进蜂毒快速穿透皮下组织，可以不用加热升温，直接将膏体涂抹在患处，从而刺激相应穴位，起到外排寒气、疏通经络的作用，有效缓解因经络不通引起的相关症状。

3.4.4 蜂毒抑菌乳膏

蜂毒抑菌乳膏是以蜂毒科学配伍白鲜、地肤子、蛇床、紫草、黄柏、人参、百部等萃取的植物精华制成的膏剂，对湿疹、皮炎、荨麻疹、牛皮癣、足癣等皮肤病能起到抑菌止痒的作用，尤其对剧烈瘙痒、病灶部位炎症渗出为特征，反复发作，易转为

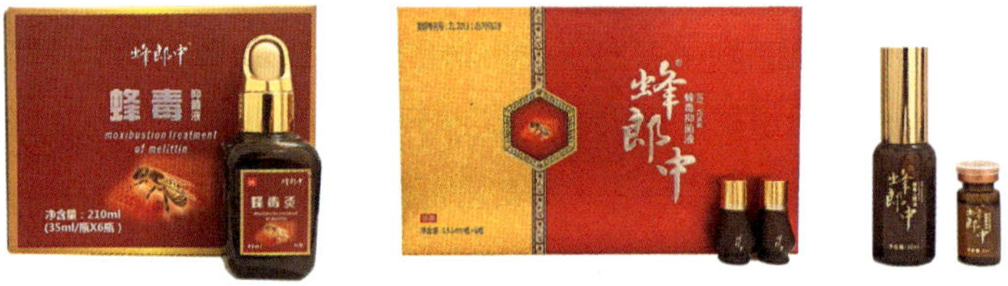

蜂毒液和蜂毒火精油

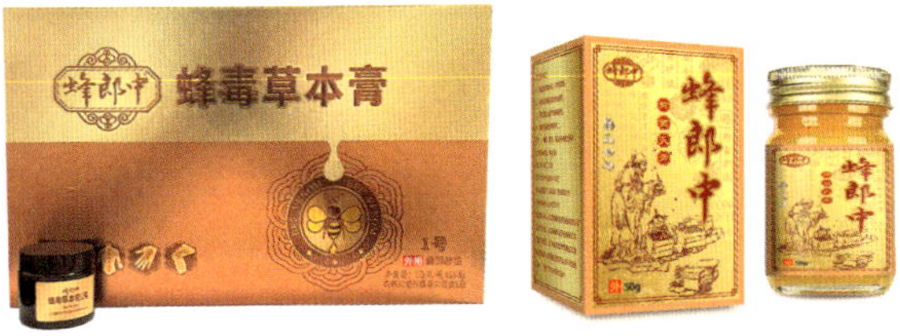

蜂毒草本膏和蜂毒抑菌乳膏

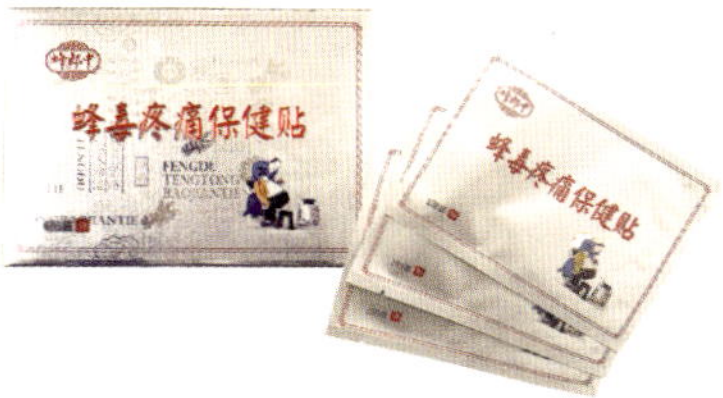

蜂毒疼痛保健贴

慢性的病灶部分作用明显。外用方法：取乳膏适量涂抹所需处，轻轻按摩至吸收。

3.4.5 蜂毒疼痛保健贴

蜂毒疼痛保健贴是以蜂毒、土鳖虫、骨碎补、伸筋草、红花、当归、大黄、黄柏、三七、薄荷脑、冬青油和医用热熔胶为原料，加热并充分混合均匀后，再以无纺布或涤棉织布和硅油纸等进行涂布、分切加工而成的一种贴剂。

蜂毒贴属于外用保健用品，具有舒筋活络、祛风除湿、活血祛痛的保健作用。对于因颈椎、肩周、腰椎间盘突出、骨关节、风湿等引起疼痛不适的亚健康人群，可以将蜂毒贴直接敷贴在患处，以便通过皮肤吸收，从而发挥治疗作用。

4 蜂产品食疗经验方

21世纪是一个大健康时代。人们追求生理、心理健康，这也衍生了令消费者眼花缭乱的保健品市场，而蜂产品能满足人们对医疗保健回归大自然的渴望，可以在众多保健品中脱颖而出。蜂疗学这一古老而又年轻的学科日趋完善，显示出了强大的生命力和令人赞叹的治疗效果。从大量的市场反馈和实践中，为读者总结出了蜂产品食疗方面的宝贵经验，辅助食疗下列病情，供大家参考。

❶ 高血压

蜂王浆+蜂胶+洋槐蜜

蜂王浆有增强机体免疫力、软化血管、调整血压、增强心脏功能的作用；蜂胶能降低血管脆性、软化血管、降血脂、增强免疫力；洋槐蜜能为机体提供能量，有助抗体循环。

❷ 高脂血症

蜂王浆+蜂胶+油菜花粉+洋槐蜜

蜂王浆增强机体免疫力，常用可以降低血脂和总胆固醇含量；蜂胶抗氧化，减少过氧化脂质的形成，有辅助降血脂的作用；洋槐蜜增加机体活力，降血脂；油菜花粉黄酮醇含量较高，具有抗动脉粥样硬化及降低胆固醇的作用。

❸ 高血糖

蜂王浆+蜂胶+荞麦花粉

蜂王浆具有增强免疫力、修复胰岛细胞、降血糖的作用；蜂胶具有消炎抗菌、预防并发症的作用；荞麦花粉具有可溶性膳食纤维，有辅助降血糖的功效。

❹ 冠心病

苹果蜜+茶花粉+蜂王浆+蜂胶

苹果蜜具有提高心脏收缩能力，辅助抗脑卒中和心肌梗死的能力；茶花粉的氨基酸含量居常见花粉之首，微量元素及血酸含量也高于其他花粉，可预防动脉硬化；蜂王浆增强机体抵抗力，增加心脏功能；蜂胶抗氧化，可减少过氧化脂质在冠状动脉的沉积。

❺ 低血压

枣花蜜+蜂王浆+蜂胶

枣花蜜可增强血管壁的弹性，调节血压；蜂王浆增加心肌的泵血功能，强化骨髓的造血功能；蜂胶可以加快血液循环，促进新陈代谢。

❻ 慢性支气管炎

紫苜蓿蜜+蜂王浆+蜂胶

紫苜蓿蜜含苜蓿素和苜蓿酚等物质，有止咳平喘作用，在预防支气管疾病方面有一定的作用；蜂王浆增强身体的抵抗力，增强气管黏膜细胞的纤毛运动，有利于痰涎上运而排出；蜂胶具有消炎抗菌，促进受损组织修复和再生的作用。

7 肺结核

蜂王浆+蜂胶

蜂王浆具有增强身体抵抗力，消炎抗菌的作用；蜂胶具有消炎抗菌、抗病毒、收敛的作用。

8 胃肠溃疡

蜂王浆+蜂胶

蜂王浆具有增强身体免疫力，促进溃疡组织细胞的再生，平衡神经系统的功能；蜂胶具有保护胃肠黏膜、消炎抗菌的作用。

9 胃肠炎

蜂胶+茴香蜜

蜂胶具有增强机体免疫力、杀菌消炎、保护胃肠黏膜的作用；茴香蜜具有促进胃液正常分泌、增强肠道蠕动的作用。

10 便秘

苹果蜜+蜂花粉

苹果蜜通便润肠，有助于人体消化系统功能改善；所有的蜂花粉都具有促进胃肠蠕动，加快代谢废物排泄的作用，对习惯性便秘改善效果都比较好。

11 慢性前列腺炎

油菜花粉+荞麦花粉+蜂王浆

花粉可预防前列腺炎，以油菜花粉、荞麦花粉效果最佳，油菜花粉可以促进内分泌腺的发育，对改善内分泌的紊乱有很好的作用；蜂王浆具有增强机体免疫力、促进细胞黏液吸收、调节神经系统功能的作用。

12 前列腺增生

枸杞蜜+玉米花粉+油菜花粉+蜂王浆

枸杞蜜具有增强生殖器官功能的作用；油菜花粉和玉米花粉具有抑制腺体增生的作用，有抗炎和消炎的效果；蜂王浆具有调节内分泌系统、平衡体内激素水平、减缓性器官衰老的作用。

13 更年期综合征

苹果蜜+蜂王浆+茶花粉+向日葵花粉

苹果蜜具有安神定气的作用；蜂王浆具有增强机体免疫力，调节神经平衡的作用；茶花粉具有促进腺体分泌，调节体内激素水平的作用；向日葵花粉能够增强体质、提升精力、快速消除身体疲劳，可调理妇女因内分泌失调而引起的经期和更年期的不适。

14 黄褐斑

洋槐蜜+茶花粉+蜂王浆（外用）

洋槐蜜具有祛皱消斑，营养肌肤的作用；茶花粉具有调节内分泌，促进皮肤新陈代谢的作用；蜂王浆具有增强机体抗氧化能力，促进组织细胞再生，美容养颜的作用。

15 失眠

苹果蜜+蜂王浆

苹果蜜有一定镇静功能，失眠多梦者可适量服用；蜂王浆可以帮助自律神经失调恢复正常。

16 青春痘

洋槐蜜+茶花粉+蜂王浆

洋槐蜜具有加速体内的脂肪代谢，营养皮肤的作用；茶花粉具有调节内分泌、抗衰老、美容养颜的作用；蜂王浆具有提高机体免疫力、抗辐射、促进皮肤组织再生、延缓衰老的作用。

17 贫血

枣花蜜+芝麻花粉+蜂王浆+蜂胶

枣花蜜营养血管、心脏，增强血管、心脏功能；芝麻花粉能提供人体所需要的营养素，对贫血有一定的调理作用；蜂王浆具有增强造血系统功能，兴奋骨髓造血机能的作用；蜂胶具有促进再生及促使坏死细胞脱落，活血化瘀的作用。

⑱ 肝硬化

苜蓿蜜+蜂王浆

苜蓿蜜对肝脏有保护作用，为肝脏的代谢活动提供能量储备，能刺激肝组织再生，起到修复损伤的作用；蜂王浆具有增强机体免疫力，加快受损组织的修复，增加肝脏弹性的作用。

⑲ 肝炎

五倍子蜜+蜂王浆+蜂胶

五倍子蜜在提高血清蛋白的水平等蛋白代谢功能方面有良好的作用，并能降低血脂；蜂王浆具有养肝护肝，增强免疫力的作用；蜂胶具有抑制和杀灭肝炎病毒的作用。

⑳ 脂肪肝

枸杞蜜+蜂王浆

枸杞蜜能够保肝，降低血液中的胆固醇、甘油三酯水平，对脂肪肝具有一定的预防功能；蜂王浆具有促进组织再生，增强机体免疫力的作用。

㉑ 乳腺增生、子宫肌瘤

芝麻花粉+蜂胶

芝麻花粉有调节免疫力的辅助功效，从而起到调经养颜的作用；蜂胶具有增强机体免疫力、抗氧化、抑制肿瘤增生的作用，还可减少色素沉积，增加血管弹性。

㉒ 附件炎、阴道炎、子宫内膜炎

枣花蜜+蜂王浆+蜂胶

枣花蜜具有补气活血、促进细胞再生的作用；蜂王浆具有提高身体免疫力、调节神经系统平衡的作用；蜂胶具有消炎抗菌、抗氧化、改善微循环的作用。

㉓ 胆结石

玉米花粉+蜂胶

玉米花粉具有扶正固本的功效，能提高胆囊收缩功能，加快体内脂质代谢；蜂胶有利于抑制和杀灭引起胆道感染的细菌，保护胆道免受肠道致病菌的感染。

24 肾结石

枣花蜜+蜂胶

枣花蜜有调节体内酸碱平衡的作用；蜂胶具有增强身体免疫力、抑制尿路感染的作用。

25 牛皮癣

蜂王浆+蜂胶

蜂王浆具有增强机体免疫功能、调节神经系统平衡的作用；蜂胶具有改善血液微循环，抑制上皮细胞过度增生的作用。

26 痔疮

五倍子蜜+蜂王浆+蜂胶

五倍子蜜具有解毒收敛的辅助功效，适合痔疮患者长期服用；蜂王浆具有营养血管神经、增加血管弹性、扩充血管的作用；蜂胶具有抗菌消炎、改善微循环、抑制痔核形成的作用。

27 痛风

黄芪蜜+蜂王浆+蜂胶

黄芪蜜具有利尿消肿、加快尿酸排泄，从而减低血尿酸水平的作用；蜂王浆具有增强机体免疫力，保护肝脏、肾脏生理功能的作用；蜂胶具有改善微循环、加速尿酸的运输、减少尿酸沉积的作用。

28 甲状腺功能亢进

枣花蜜+蜂王浆+蜂胶

枣花蜜营养丰富，具有补血安神的作用；蜂王浆具有调节神经系统平衡的作用；蜂胶具有增强机体的非特异性和特异性免疫功能的作用。

29 肾阴虚症

肾阴虚症表现为头晕耳鸣、腰膝酸痛、失眠多梦、潮热盗汗、五心烦热、遗精早泄，咽干颧红，舌红少津无苔，脉细数。

五倍子蜜+蜂王浆

五倍子蜜对肺肾双虚、脾肾虚寒、气促喘乏、痰火郁肺都有良好辅助治疗效果；蜂王浆具有促进机体的造血功能和免疫功能，恢复机体细胞活力，促进组织再生，对体弱气虚有很好的作用。

30 亚健康

蜂王浆+蜂胶+蜂花粉

蜂王浆可以刺激抗体（免疫球蛋白）的产生，激发免疫细胞的活力，调节和增强免疫功能；蜂胶能增强机体的非特异性和特异性免疫功能；蜂花粉营养全面，能克服人体新陈代谢中出现的各种生理失调，从而增强免疫力。

31 关节炎、风湿

蜂王浆+蜂胶

蜂王浆和蜂胶中含有10多种人体必需的维生素：维生素B_1、维生素B_2、维生素B_6、维生素B_{12}、烟酸、泛酸、生物素、叶酸等，可有效解除风湿因子排除毒素；蜂胶和蜂王浆通过风湿因子阻止身体的退化，能增进活力，促进造血、调整内分泌和代谢、恢复关节骨黏膜弹性。

32 美容养颜、延缓衰老

苜蓿蜜+茶花粉+蜂王浆

苜蓿蜜富含粗蛋白、B族维生素，益于气血不足，延缓衰老，养颜滋润肌肤；茶花粉具有促进皮肤新陈代谢、减少色素沉积、抑制色斑形成和内分泌功能紊乱的作用；蜂王浆被称为“长寿因子”，具有促进皮肤组织再生，延缓衰老，美容养颜的作用。

主要参考文献

［1］王本祥. 蜜蜂产品的医疗效能［M］. 长春：吉林人民出版社，1981.

［2］李时珍（明）. 本草纲目（彩图版）［M］. 天津：天津古籍出版社，2006.

［3］谢海华. 美容“蜜”笈［J］. 食品与健康，2006，2：34-35.

［4］曾先知. 御蜂阁蜂产品系列讲座（六十四）勿将蜂蜜制品当蜂蜜［J］. 食品与生活，2016（4）：61.

［5］陈明虎，陈坤. 浅析蜂王浆的激素效应［J］. 蜜蜂杂志，2010，30（9）：12-14.

［6］张中印，等. 蜜蜂与健康［M］. 北京：中国农业出版社，2007.

［7］王银龙，张敏丽，程文显，等. 蜂胶对牙周致病菌的抑制作用［J］. 安徽中医学院学报，1996，（4）：59-60.

［8］吴国屏，刘自元，孟令玗，等. 蜂毒体外抗凝和降粘作用初探［J］. 蜜蜂杂志，1999，（6）：3-4.

［9］严序炳，王令嘉，王勇. 蜂毒注射液治疗风湿性及类风湿性关节炎86例［J］. 中国中西医结合杂志，1995，（6）：370.

［10］韩巧菊，等. 蜂产品功效及蜂疗实践［M］. 北京：中国农业科学技术出版社，2014.

［11］朱德文，朱宇夫. 蜂毒穴位注射治疗大家畜风湿症［J］. 中兽医医药杂志，2004（2）：29-30.

［12］石靖川. 顽固病用蜂毒治［J］. 蜜蜂杂志，2013，33（5）：41.

［13］李军，等. 浅谈“以敏治敏”思维应用蜂针疗法治疗过敏性疾病的诊疗思路［C］//世界中医药学会联合会蜂疗专业委员会，中国民族医药学会. 第四届世界蜂疗大会、世界中联蜂疗专业委员会第五届学术年会、中国民族医药学会蜂疗分会2023年学术年会论文集，2023，6.

［14］胡晓斌，刘艳. 运用蜂毒注射液治疗风湿关节痛的操作方法［J］. 中国现代药物应用，2010，4（3）：156.

［15］周福善. 蜂蜇治疗类风湿新领域的探讨［J］. 蜜蜂杂志，2010，30（7）：35-36.

［16］孙绍裘，黄金杰. 蜂毒治疗风湿性关节炎的观察［J］. 天津医药杂志，1960，（12）：949-951.

[17] 胡永保. 医治风湿关节炎的特效药——蜂毒[J]. 蜜蜂杂志，1982，(3)：36.

[18] 蒋瑛. 蜂毒注射液药理作用和临床研究新进展[J]. 甘肃科技，2015，31(24)：124-125+123.

[19] 王东. 蜂毒疗法治疗面神经炎[J]. 蜜蜂杂志，2019，39(3)：36-37.

[20] 姚海春，等. 活蜂螫刺治疗急性面神经炎13例[J]. 中国针灸，2010，30(2)：102.

[21] 郭芳彬. 蜂螫疗法与面神经炎[J]. 蜜蜂杂志，2004，(11)：35-36.

[22] 王国强. 全国中草药汇编[M]. 3版. 北京：人民卫生出版社，2014.

[23] 蒋瑛. 蜂毒注射液药理作用和临床研究新进展[J]. 甘肃科技，2015，31(24)：124-125+123.

[24] 王东. 蜂毒疗法治疗三叉神经痛[J]. 蜜蜂杂志，2019，39(12)：35-36.

[25] 王东. 蜂毒疗法治疗坐骨神经痛[J]. 蜜蜂杂志，2019，39(7)：29-30.

[26] 李国萍. 蜂毒穴位注射治疗三叉神经痛疗效观察[J]. 上海针灸杂志，2008，(1)：19-20.

[27] 吴孙玉. 蜂螫治三叉神经痛[J]. 蜜蜂杂志，2007，(8)：28.

[28] 刘婕. 蜂毒及其复方制剂的抗心衰效应及作用机制研究[D]. 福州：福建农林大学，2019.

[29] 张玉，等. 蜂毒治疗特应性皮炎的研究进展[J]. 中国皮肤性病学杂志，2023，37(12)：1423-1427+1435.

[30] 胡赟，李万瑶，崔韶阳. 蜂毒肽对心血管系统影响的实验研究综述[J]. 广州中医药大学学报，2011，28(5)：558-562.

[31] 伊琳娜·塔图，陈福生，厚山. 蜂毒的抗菌作用[J]. 养蜂科技，1990，(1)：28-29.

[32] 刘彬彬，周靖轩，蔡轶，等. 蜂毒肽与依布硒啉对金黄色葡萄球菌的协同作用与机制研究[J]. 华中科技大学学报(医学版)，2023，52(1)：36-42.

[33] 王东. 蜂毒疗法与针灸疗法治疗胃痉挛有效[J]. 蜜蜂杂志，2020，40(5)：48+1.

[34] 李红波. 穴位蜂疗加云南白药口服治疗慢性溃疡性结肠炎21例[J]. 甘肃中医，2009，22(5)：39.

[35] 陈意柯. 蜂毒医治胃病效果好[J]. 中国蜂业，2008，(7)：39.

[36] 杨亚旭. 蜂毒素联合杜仲黄酮治疗类风湿关节炎的实验研究[D]. 扬州：扬州大学，2017.

致谢

在本书付梓之际，感谢作者团队成员孙奕良、金玮鋆、谢亚丽、刘武灵、徐超、颜彦对编著本书所做的贡献。感谢合作伙伴的鼎力相助以及评审专家们的严格把关，使本书质量得以保证。感谢读者对本书的期待与喜爱！

再次感谢所有支持本书的人，谢谢！